环境景观设计

主　编　杨圆圆　王　菲　李彦琦
副主编　田　崑　王　浩

合肥工业大学出版社

图书在版编目（CIP）数据

环境景观设计/杨圆圆，王菲，李彦琦主编. —合肥：合肥工业大学出版社，2019.4
ISBN 978-7-5650-4465-6

Ⅰ. ①环… Ⅱ. ①杨…②王…③李… Ⅲ. ①景观设计—环境设计 Ⅳ. ①TU-856

中国版本图书馆CIP数据核字（2019）第069413号

环境景观设计

杨圆圆 王 菲 李彦琦 主编　　　　责任编辑 袁 媛

出 版	合肥工业大学出版社		版 次	2019年4月第1版
地 址	合肥市屯溪路193号		印 次	2019年8月第1次印刷
邮 编	230009		开 本	889毫米×1194毫米 1/16
电 话	艺术编辑部：0551-62903120		印 张	6.25
	市场营销部：0551-62903198		字 数	160千字
网 址	www.hfutpress.com.cn		印 刷	安徽联众印刷有限公司
E-mail	hfutpress@163.com		发 行	全国新华书店

ISBN 978-7-5650-4465-6　　　　定价：48.00元

前言

我国历史文化绵长而深远，无论是自然风光还是古典建筑，都是丰富且经典的，深受国人乃至世界人民的喜爱。自20世纪80年代后，我国对外交流日益频繁，带动了国家景观设计领域的发展，环境景观设计在该领域日益扮演着重要的角色。

随着社会经济的发展，人们不满足于只对物质的追求，对精神享受的需求也愈发呈现扩大的态势，越来越多的人愿意去领略大自然的魅力。然而，我国环境问题仍然是一个突出的问题，如何解决该问题，是当前国家迫切需要考虑的事情。处理好景观设计问题，能够在很大程度上催生新的环境设计和环境吸引力，促进地方经济建设。

景观在我们生活的环境中属于很重要的组成部分，同多种城市元素息息相关。环境景观设计是综合类的学科，涵盖了多个领域，需要综合这些知识来构建合理化的个性体系，呈现景观的独特魅力，使其作为城市文化的重要载体。

本书较为体系地对有关景观设计方面的内容进行概括综述，包括中外景观设计、设计灵感因素、创作原则内容以及设计规划的整个流程，从而丰富理论知识的完整性，使得景观设计理论能够更好地同实践进行融合，并借助插图和平实化的语言，以帮助读者对本书内容进行更加深入浅出的理解。此外，本书结构清晰，为教师进行教学奠定了基础，在章节中，也采取了案例分析法，针对个别园林景观进行评价，在理论阐述的同时进行实践分析指导，有助于学生获得更加深入的领悟。学生也可以在阅读过程中丰富头脑中的有关知识内容，把握完整的知识结构。

作为专业教材，本书力求概念准确、教学重难点突出，所引用的学术思想和观点不尽相同，在前人和许多专家学者的智慧结晶基础上，对课程内容进行组织和安排，以增强学生对理论了解，希望教师在教学中能够积极引导学生对于景观各类观点和思想的深入研究及探讨。通过对本书的学习，学生应掌握环境景观设计要点、设计基础、艺术基础，以及提高对环境景观的艺术欣赏和评价的能力，能够独立完成不同景观环境的制图和绘图等艺术设计表现活动。同时，在创作中运用材料的性能，了解施工工艺和流程及造价问题，便于今后应对环境景观设计中可能出现的问题。

本书得到武昌工学院教务处和艺术设计学院的大力支持，书中参考了国内外同类教材和相关文献资料，在此一并表示衷心感谢！由于实践经验和理论水平的限制，书中难免存在错误之处，恳请广大读者、同行、专家学者给予批评指正，以便不断完善。

编　者

2019.1于武汉

目录

1

第1章　环境景观设计概述

1.1　环境景观设计的概念与界定

所谓环境景观设计，就是把艺术学设计中的原理和方法应用到景观设计的实践过程。从内容上可以把环境景观设计分为景观规划和景观设计两个方面，在具体的设计过程中要根据实际情况的不同对景观的具体内容、大小规模、特色属性进行处理，同时要注意实现人与自然的和谐统一。要对环境景观中的各个要素进行合理搭配，不能生硬地、不加考虑地将其堆放到一起，要融入创新性思考，尽量保留各个元素的基础功能并发挥其组合功效，给原生环境以新的发展动力，最终成就一个环境景观作品。

景观既包含景又包含观。景指的是风景，是自然界存在的客观景致；观指的是观察或是观赏，是从人的角度对各种景致的感受。论及景观，不同的人从不同的观察角度就会得出不同的结论。地理学家从科学的角度把景观视作某个区域的综合体，体现当地的地理、历史、社会、文化特色，如城市景观、森林景观、沙漠景观等；从景观生态的角度看，景观是集合了多个层面和维度的生态系统；从艺术的视角出发，景观是一种艺术表现形式，向观赏者呈现艺术美感；在环境设计的层面，景观所展现的是包含了一切自然生态事物的综合体。景观设计和园林设计有共同点，两者之间有着密不可分的关系，也正是因为这个原因，这两个概念也经常被混淆（图1-1、图1-2）。

1.1.1　园林

在我国的古代典籍中就有过关于园林的记载，园林根据性质不同可以分为“囿”“园囿”“苑囿”，封建社会的统治阶级打猎、驯兽的场所被称为“囿”。例如，在《孟子·滕文公下》：“弃田以为园囿，使民不得衣食。”郑玄注：“囿，御苑也；游，离宫也。”园囿通常会在维持自然山水原貌的基础上加以审美改造，并在此进行各项娱乐活动。在汉朝以后通常被称为“苑囿”。在我国描述古典园林的典籍中，经常会提到“园林”一词。

图1-1 湖北省园林博览会潜江园实景

图1-2 17世纪 霍贝玛《林荫道》

图1-3 中国传统园林

园林这一概念包含两方面含义：一是供人赏玩休憩；二是对自然环境进行合理保护。也就是说，在某个特定区域，使用工程手段对自然山水进行改造，或是根据人的主观意识修山、引水、莳花弄草、修建亭台楼阁，营造美好的自然境域。园林的涵盖较为广泛，各种类型的公园、自然保护区、旅游胜地等都属于园林的范畴。我国的造园历史非常悠久，在不断的实践中积累了较为丰富的理论经验，在景观设计出现之前，园林是人类改造自然的主要形式（图1-3）。

1.1.2 景观

“景观”一词的英文为Landscape，在漫长的历史中这个概念发生了很多次演变，前后差异也很大。“景观”最早被提及是在希伯来语的《圣经》中，指的是“人类文明留下足迹的区域”；到17世纪，“景观”在荷兰语的范畴中，特指内陆的自然风光，也可以称为风景，和肖像有较大区别。到了18世纪，“景观”和“园艺”发生了真正意义上的联系。在东西方文化中，“景观”的最早含义是相似的，都相当于是“风景”，体现的是美学领域的含义。19世纪初，德国地理学家Von. Humboldt赋予“景观”地理学上的含义，解释为“一个区域的总体特征”。也就是从这个时期开始，景观成为地理学研究的重要内容，人类对景观的探索从自然风貌迈向人类文化领域，标志着人地关系研究理论的诞生。

从出现的时间先后来看，园林是早于景观的，而且景观是以园林为核心进行发展的。我国知名学者俞孔坚在多年的研究中指出，景观是一个综合性功能的承载体，是土地以及土地上所有事物的组合，也是人类在大自然活动中留下的印迹。在某种意义上，景观可以被理解为风景和符号。风景指的是客观事物的内外统一；符号指的是人类在自然发展中的作用和自身的精神领悟。

1.1.3　绿地

绿地分为广义和狭义两种类型。广义上的绿地指的是所有被绿色植物所覆盖的土地，如森林、田地、园林、草地等。

狭义上的绿地特指园林绿地，主要包括以下几个类型。

（1）公园绿地：向公众开放，以游憩为主要功能，兼具生态、美化、防灾等作用的绿地（图1-4）。

（2）生产绿地：为城市绿化提供苗木、花草、种子的苗圃、花圃、草圃等圃地（图1-5）。

图1-4　公园绿地

图1-5　花圃

(3) 防护绿地，主要指的是城市中用于防护、隔离、保证安全的绿地。主要有隔离带、防风林、高压走廊等（图1-6）。

(4) 所谓城市附属绿地，指的是建筑用地之外的绿化用地，如公共设施用地、市场设备用地、交通用地、工业及仓储用地等。

(5) 其他绿地，主要指的是可以提升城市居住质量、为居民休闲娱乐提供场所、进行生物保护的用地，如风景名胜、自然保护区、森林公园、湿地公园、水源地等。

图1-6　甘肃金昌防护林

1.2　环境景观设计的作用

环境景观的存在是空间和实体相互融合的客观体现。其作用主要包括以下几点。

1.2.1　功能

环境景观存在的价值就是体现其审美功能，对人们所居住、生活和工作的空间进行装点，满足人们各种各样的实际需求，同时为城市工业、服务业发展提供所需要的空间，对城市的公共设施和基础设施建设进行完备。

1.2.2　生态

所谓环境景观，是人们在尊重自然规律的前提下对大自然进行改造的成果。所以，景观的构建过程其实就是实现自然生态到城市生态转化的过程。在转化的过程中，要在生态学原理的指导下，尽可能少地破坏自然原貌，维护生物多样性，由此改造出来的景观才是科学而有益的。如果违背自然规律，对自然大肆掠夺和破坏，就算是短期内打造出环境景观，最终也会受到大自然的惩罚。著名景观建筑师西蒙兹在其著作《大地景观》中提道："一个合格的景观建筑师都是以服务人类、帮助人类为终极目标的，他们打造出来的建筑物、生活区、城市都是为了更好地实现人类和自然的和平共处。"这就充分说明了城市景观建设的生态主旨和内涵。

1.2.3　文化

从表面上看，环境景观主要呈现的是物质实体的形态变化和对空间的改造。但是实际上，环境景观的打造和人类精神世界是密切联系的。环境景观所呈现的是人类的追求和向往，在人们对自然界进行改造的过程中，改造者所具有的思想理念和价值观展露无遗，这也是文化内涵的一种表达方式。比如，我国的古典园林能体现出的是东方传统文化的内涵，而法国古典建筑则代表了欧洲中世纪思想。不同的地域可以孕育出不同的文化，而对当地文化的弘扬和凸显也更能得到当地人们的心理认同。

1.2.4　美学

“爱美之心，人皆有之。”在人类对景观进行塑造时，不仅重视其功能性，更注重对美的审视和创造，这是一个相辅相成、协调统一的过程。环境景观和美学之间的关系，不仅是让某一个环境设施充满美感，更重要的是将各种功能以合理的方式组合起来。所以，实现整体空间的组织性是非常重要的研究课题，比完成某一个设施要关键得多。在具体的打造过程中，要对环境景观的大小尺寸、颜色分配、构成比例、装饰特点进行反复斟酌，注意不同要素之间的搭配问题，还要顾及整个空间的布局，把握元素之间的规律，这都是美学所涉及的范围。所以，景观塑造和空间美学有着密不可分的关系。

案例点评

米勒花园

米勒花园位于印第安纳州的哥伦布市，在1953年到1957年期间由美国现代主义景观设计师丹·凯利设计完成。米勒花园的组成部分都是很古典的——灌木丛、树篱、林荫道、果园以及草坪——但事实上，花园的空间结构是现代性的。丹·凯利为公园计划的是网状布局，扩大成几何形状与直交住宅的延伸，把公园分成四部分，作为“旋转的空间”，每个相连的部分都带有自己的特性。米勒花园被认为是美国最好的现代主义住宅。2000年，米勒花园成为美国国家历史地标（图1-7）。

图1-7　米勒花园和Flatrock河

1. 场地情况

建筑坐落于整块场地的东侧陡坡的旁边，场地地势由东向西下降，一直延伸到布满密林的河岸，河岸与陡坡之间原有的草地和一些树丛，使场地的南北方向变得连贯（图1-8）。

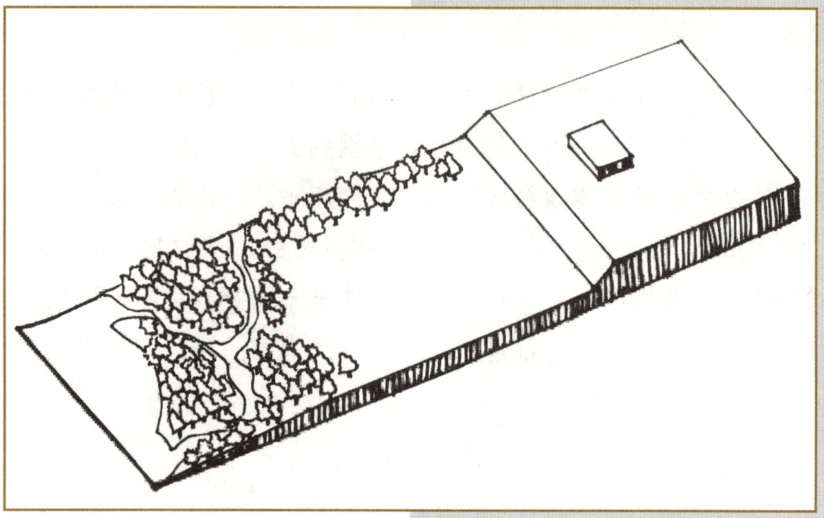

图1-8　场地状况（邓鍁　绘）

2. **通透性**

由小沙里宁设计的建筑，本身简洁而精致，它为花园的设计费尽了心血，四个侧房围绕中心下沉的房间形成风车式的布局，整个建筑内部与外界采用玻璃墙和天窗，这让外部的氛围（阳光、树影、微风）与室内的氛围融合，就如用屋顶盖住了四个独立的“建筑”，加之建筑四周的玻璃墙和屋顶天窗的运用，使得外部自然渗透建筑内部，似乎出现了建筑内的“建筑”和建筑内的“室外”。这种建筑与外界的通透感成为设计的切入点（图1-9）。

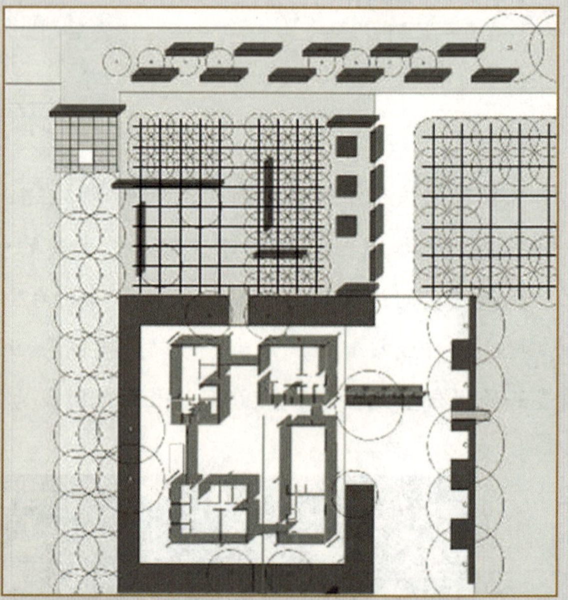

图1-9　平面布局

在建筑原有的基础上，从底座向外延伸7.62米，使整个建筑与大地连为一体，加强了建筑与外界的融合渗透。花园与建筑渗透、自然与花园渗透，似乎整个连接都顺理成章，一种延续的、流动的空间将就此展开（图1-10）。

图1-10　建筑外景

3. **轴线**

在建筑内部，4个功能区呈风车状排列，在中心下沉式起居空间的四周，可由建筑延伸出四条轴线，以此为基准，将建筑轴线扩散到花园之中。

在花园中对应建筑轴线延伸出四条园林轴线。这种轴线的做法似乎与古典造园的轴线有

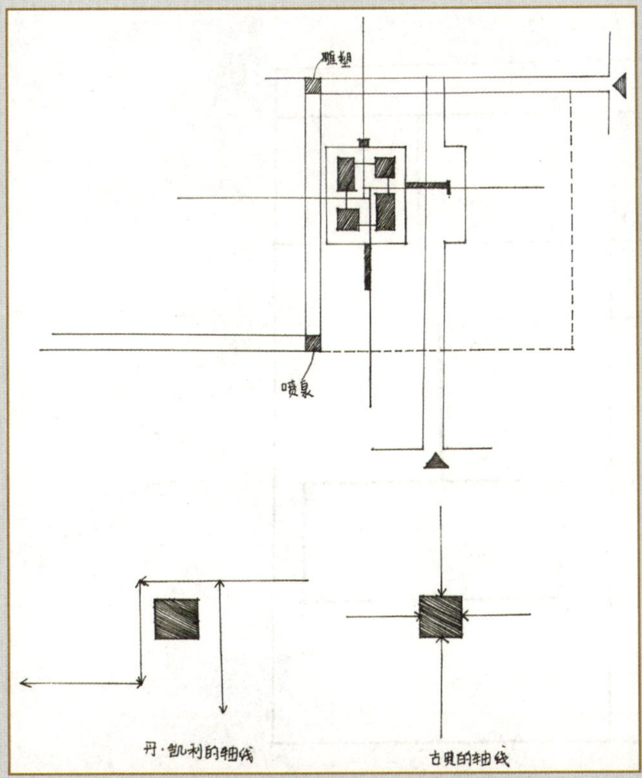

图1-11　轴线的运用（孙孟雅　绘）

图1-12　蒙特里安的画

相似之处，但在轴线布局上却打破了传统。轴线并非指向建筑或是说具有某种仪式性，相反，轴线平行于建筑展开，是平稳的、均衡的轴线互相正交。

轴线的运用使建筑产生了对整个场地的控制感，加强了建筑与外界的融合。

同时由于轴线无主次、无指向性的展开，即没有任何一条轴线指向建筑，所以给人一种离心、延伸的感觉。轴线之间互相正交，雕塑和水池完成了轴线与轴线之间的转换与延伸，随之整个空间流动起来（图1-11）。

4. 几何均衡布局

不对称布局是现代设计理念的一个重要特征。设计不再单纯追求对称性而在乎一种和谐的平衡。

1923年，格罗皮乌斯申明包豪斯的新观念时说："房屋各部分的对称关系以及它们都指向一条中轴线的做法，正在被一种新的平衡所取代。一种不对称但却富有节奏感的平衡代替了原来生硬的对等对称。"

在米勒花园中，风车形的建筑，引申出一系列不对称的景观布局形式，这与轴线的布置是异曲同工的。这种均衡与同时代的风格派相似（抽象出米勒花园的分区平面图与蒙德里安的画做比较），各种正交直线划分出几何区块，简单明了，但却均衡平静，平静中又有着微妙的转换与流动（图1-12、图1-13）。

在米勒花园中，空间自由而平等的交融、微妙的空间层次、丰富的轮廓和元素暗示了尽管平面有着简洁的构成规则，但空间是多变和多重的。各构成要素之间关系趋于平等，使人在游历中感受景观的延伸与无限。

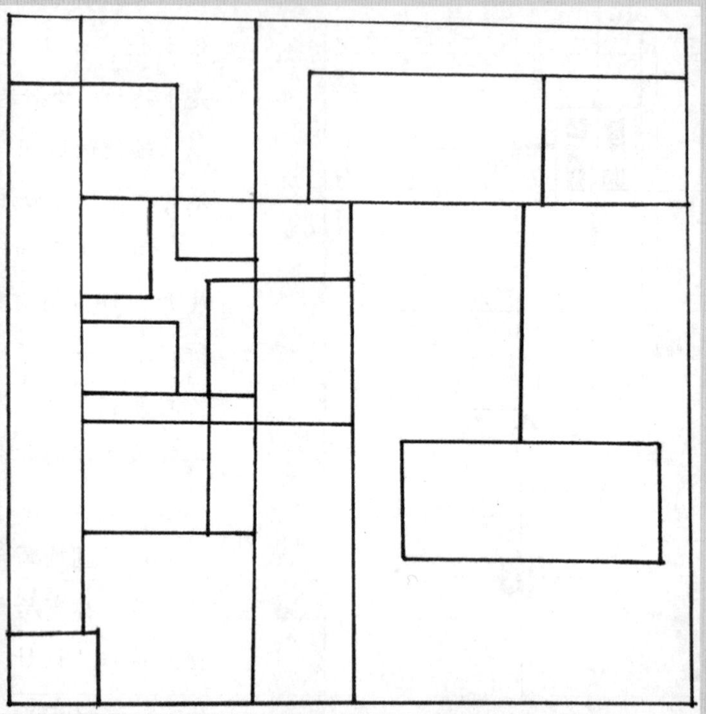

图1-13 抽象化平面（孙孟雅 绘）

5. 网格

在现代建筑设计的领域中，网格是一种象征手法，是延续建筑结构和形式的设计手段。丹·凯利在米勒花园的设计中，有一套完整的基准网格体系：从室内和室外的数值上它们是以整数倍数扩大的，并且景观和建筑的网格位置相对，有意在通过这种暗示强调两者之间的密切联系，把室内空间很自然地引到更大尺度的室外空间。

6. 构造元素

绿篱是墙，树干是柱子，树冠是屋顶。

将植物作为一种建筑材料来运用，将平面图中的绿篱突出出来，可以发现，整个米勒花园的平面就像一张建筑平面图。

丹·凯利使用人们认为的“古典”造景元素，如规则水池、平台、果阵林和绿篱等。这些丰富的景观元素形成每一个网格结构单元，即规则水池、平台、果树林和绿篱、草坪等，再加上阴影、石头、水等自然元素的时空变化，元素间的形体在平面、竖向上的相交、重叠，连锁和建构更大的变幻不定的形态。这种元素的运用使其具有一种水平线的美感，3.66米高的绿篱成为绿色的墙体，设定室外空间的界限，相同树种的植物规则种植，这在水平线上产生了视觉的延伸感。这种由水平线产生的美感，从地势更低的树林里观看更加明显，建筑和园子的界限消失，白色的建筑就像是镶嵌在绿色空间里的一块宝石而已，被一条长长的行道树形成的直线不对称分隔，清晰的直线更加强调了由水平线而产生的视觉效果（图1-14至图1-16）。

图1-14 道路与绿植

图1-15 环境与建筑

图1-16 花园一角

游泳池南部的小空间，通过矮篱围合，较为通透，通过栽植树木使整个空间有了视觉中心，使整个空间独立出来，有了归属感（图1-17）。

两排刺槐，形成了如同长廊的空间，因为刺槐道路的西边由于地势下降，所以有了陡坡，更加强了长廊的感觉，道路两端的雕塑和喷泉界定了整个空间。站在开敞的回廊向西望去是两排平行于房子的北美皂荚树所造成的框景，可以看见摩尔的雕塑。这两排树木一方面可以给住宅提供保护；另一方面则形成了由北边花园往南的一条步道景观，就像建筑中的廊子（图1-18）。

图1-17　植物的围合

图1-18　限定空间

拓展阅读

[1] 张俊玲，王先杰．风景园林艺术原理[M]．北京：中国林业出版社，2012．

[2] 刘海燕．中外造园艺术[M]．北京：中国建筑工业出版社，2009．

2

第2章 中外景观发展概况

论及我国的造园历史，可以追溯到距今三千年前的商周时代。我国是世界园林艺术的发源地之一，在世界园林史上地位举足轻重。我国的园林艺术具有浓郁的东方色彩和民族特点，其造园思想有着浓郁的自然山水风格，在世界上享有“虽由人造，巧夺天工”的美誉。各个朝代的造园艺术广泛地传播到日本、朝鲜等亚洲国家，对当时遥远的欧洲也产生了极为深远的影响。所以，将我国园林称为世界造园历史的起源地并不过誉。在唐朝，我国的造园技艺和建筑风格大量流传到近邻的日本和朝鲜等国；在明朝，著名造园家计成的著作《园冶》在日本被称为《夺天工》，就是在现代，日本的很多园林都是沿用着古汉语的题名。从这里可以看出，中国造园思想的影响有多深远。在13世纪，意大利著名的旅行家马可·波罗来到了中国，在他游览西湖时，深深地被眼前的美景所打动，将杭州称为“这个世界上最华贵、最动人的城市”，也就是从这个时候开始，西湖凭借自身的美景享誉海内外。直至今日，杭州西湖依然是世界知名的观光胜地。18世纪，英国造园家威廉·康伯在对中国自然山水园林进行深入研究之后将其传到英国，在当时的英国引起了巨大反响，刮起了一阵“中国风”。明末清初，英国传教士李明在其著作《中国现势新志》中运用大段笔墨向世人介绍了我国的园林艺术。在李明的影响下，著名建筑师钱伯斯来到中国，实地查看中国园林，在其回到故土之后撰写了著名的《东方园林论述》，并将自己在中国的很多园林研究应用到英国的造园实践当中。随着对中国园林艺术研究的深入，英国的很多造园师开始领略到中国传统园林的设计内涵，而东方造园艺术也在大洋彼岸落地生根。18世纪30年代，位于伦敦郊外的皇家植物园正式落成，园林采用了大量中国的亭台楼阁元素，还借鉴了孔庙的设计理念，这个植物园的名字为“邱园”。在法国“英华园庭”的概念风靡一时，当时的巴黎有不下二十处“中国风”园林，从这个时候开始，中国园林艺术在欧洲正式传播开来。我国的山水园林艺术，是我国民族建筑文化的瑰宝，融合了我国造园理论和实践的精华。现在，我们要不断发扬和传承我国优秀的园林艺术成就，为新时代的景观建设助益。

2.1 中国古典园林景观设计

2.1.1 北方皇家园林

皇家园林，隶属于皇室，为皇帝私人所有，古籍中常称之为囿、苑、宫苑、御苑、御园等。封建社会等级森严，基本上可分为六个级别，即皇帝、贵族、官僚、缙绅、平民、女婢，只要是和皇帝生活起居有关的居所，如宫殿、祭坛等，其总体的设计风格和布局特点都彰显着皇家的尊严和气派，皇家园林也是如此。在运用山水风景的同时，会对园林的格局、设计、用材进行慎重选择，力求凸显皇室的高贵气派。例如，汉代的上林苑、清朝的承德避暑山庄等都是如此。同时，皇家园林也吸收民间园林的艺术精华，提升宫廷造园的水准。例如，清朝修建的谐趣园就仿制了无锡的寄畅园，但是皇室选择了最好的位置和精良的材料，使得整个园林巧夺天工，其他园林都难以望其项背。

从我国皇家园林的造园历史来看，从秦朝开始到清朝结束，所有的帝王都会倾注很大心血，也会消耗大量的人力、物力、财力。从某种意义上说，皇家园林数量多少、规模大小在很大程度上体现了当时国家的综合国力。

再有，中国历史进入魏晋南北朝以后，宫廷生活愈加丰富多样，体现在皇家园林设计上也出现了很多功能上的变化。皇家园林可以分为大内御园、行宫、离宫等多个种类。其中，大内御园都修建在皇城之中，供皇帝和嫔妃起居之用；离宫和行宫多修建在距离皇城有一段距离的风景区内，这样皇帝可以专门抽出一段时间在此休息和居住（图2-1）。

图2-1 颐和园建筑群落

2.1.2　南方私家园林

民间私家园林通常都属于贵族所有，在很多历史典籍和影视作品中提到的草堂、山庄等，都属于当时的贵族、缙绅的私家园林。

我国在封建社会是以农业为主的国家，“耕读”为国家的根本。所谓“耕”，指的就是农民，广大农民长期从事农业生产，创造出数不尽的物质财富；“读”指的是文人，这类人以读书为晋升途径，通过科举考试获取功名，或者通过其他渠道成为官吏。我国古代的社会结构总的来说就是由“耕读”构成的。缙绅主要是由地主和文人组成，也包括一些商人和官吏，他们集中了很多财富和土地，维持对当地的统治和管理，是皇权在地方的表现形式。在官僚机构中汇集了众多的官员、士大夫和“学而优则仕”的知识分子；在当时“士、农、工、商”的等级结构中，文人和官吏统称为“士”，商人居于末尾，虽然社会地位较低，但是商人往往拥有很多财富，在推动当地经济发展的同时，还能为自己捐官，最终成为“士”的一员。也正是商人这个群体成就了“私家园林”这个名词。古时的贵族、缙绅、商人都非常热衷兴建园林来满足自己享乐的需求，也可以借此来彰显自己的身份，炫耀拥有的财富。

私家园林是从皇家园林延伸出来的，在封建社会有着严格的等级区别，在人们的生活和消费过程中都可见一斑，园林作为一种较为奢华的生活方式，也通常受到等级制度的限制，所以不管是在格局上、设计上还是表现形式上，都不能有僭越皇家园林之处。私家园林在很多地方被称为是“宅院”，也就是在宅邸附近修建的供所有者游玩、赏景、宴客的处所。通常情况下，宅院的规模不会太大，一般都是紧挨家宅修建而成，呈现出“前院后宅”的建造格局，江南的私家园林通常都是这样的风格，如苏州著名的拙政园、狮子林等；还有些园林修建在家宅的旁边，被称为是“跨院”，苏州的退思园就是如此；再有一些园林是单独修建的，距离宅邸有一定的距离，被称为是“别墅园”，白居易的庐山草堂就是别墅园中的典范（图2–2、图2–3）。

图2–2　拙政园

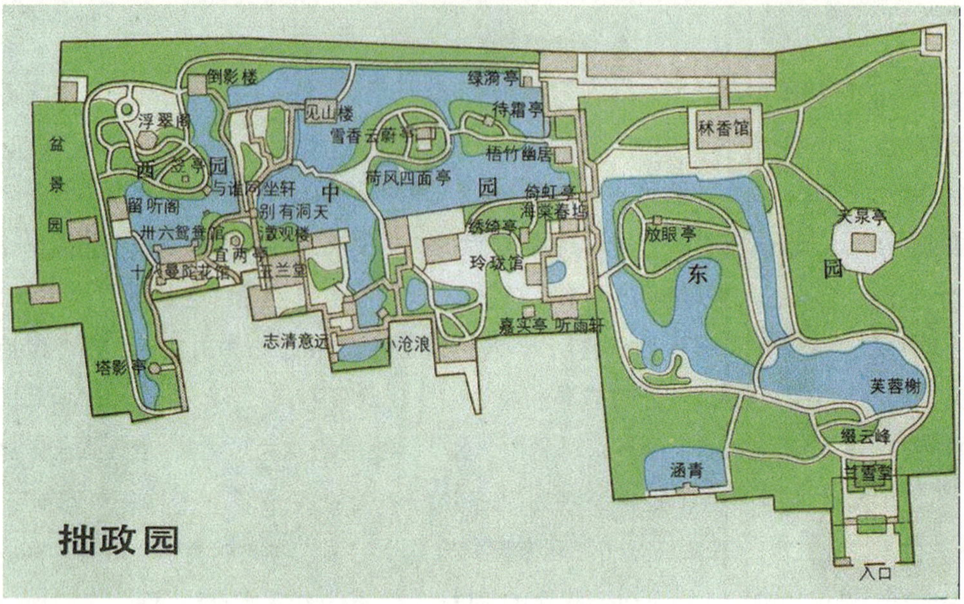

图2-3　拙政园平面图

2.1.3　寺观园林

寺观园林顾名思义就是修建于寺庙和道观附近的园林。在我国古代，道教和佛教流传甚广，其从事宗教活动的场所就是寺庙和道观。在建筑风格上，我国的寺观较为含蓄，多少有些“世俗化”的风格，并不像西方宗教建筑那样毫不遮掩地体现出对宗教的痴迷和狂热。我国的寺观在主体建筑和园林修建上力求和谐统一，营造出宁静致远的艺术氛围。寺观在园林设计方面与私家园林基本类似，只是规模上会有所扩展。我国的封建政权对寺庙较为宽容，不管是在政治上还是在经济上都尽量予以保障，就算是改朝换代，也很少会有统治者毁坏前朝的寺观。也正是因为这个原因，寺观园林通常会拥有非常考究的格局和设计，很多名贵的花木都种植于此。很多大的寺观园林在选址上也有优先权，会择选环境最为优美、景致最为迷人之处来进行造园工程，所以寺观往往古树林立、风景宜人，吸引大量的游人流连忘返，很多帝王都会因为寺观园林的景致而将行宫设立在此。不管世事如何变化，寺观园林往往都会受到最为妥善的保护，日积月累中逐渐汇聚了大量的建筑、雕塑、名贵植物等（图2-4至图2-6）。

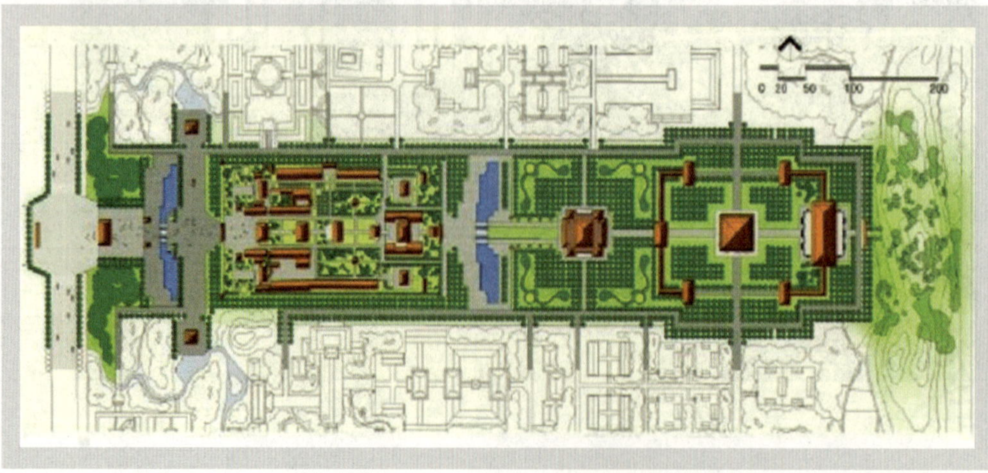

图2-4　寺观园林——白马寺

图2-5　寺观园林——白马寺入口

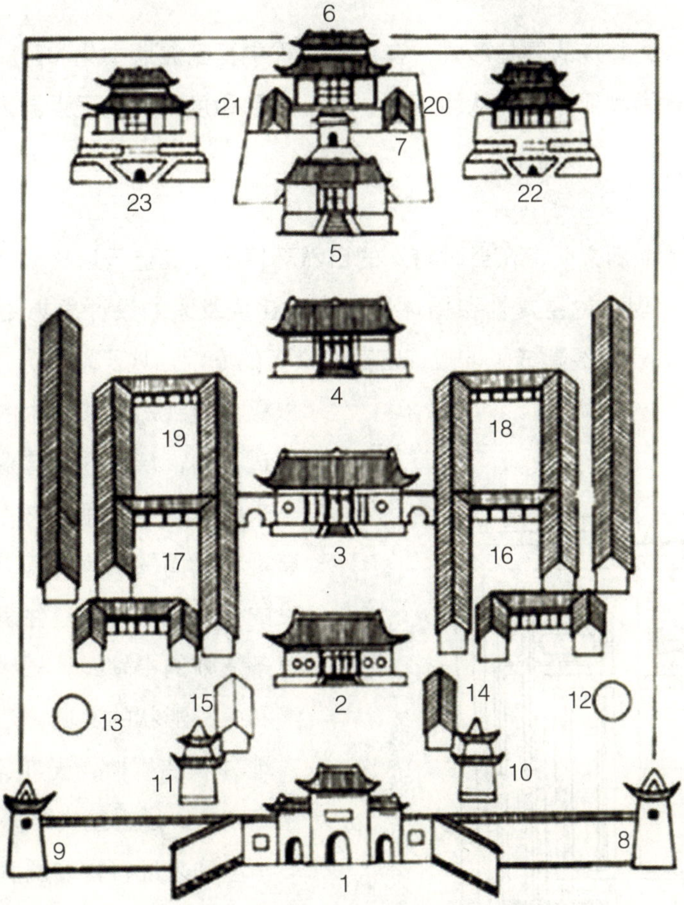

1. 山门
2. 天王殿
3. 大佛殿
4. 大雄殿
5. 接引殿
6. 毗卢阁
7. 清凉台
8. 钟楼
9. 鼓楼
10. 新建钟楼
11. 新建鼓楼
12. 摄摩腾墓
13. 竺法兰墓
14. 门头堂
15. 云水堂
16. 客尚
17. 祖堂
18. 斋堂
19. 玉佛殿
20. 摄摩腾殿
21. 竺法兰殿
22. 藏经阁
23. 法宝阁

图2-6　白马寺平面示意图

以上三种园林是我国古典园林的精髓，也是传统造园活动的主体构成。再有，在我国的传统园林中，公共园林所占的地位也很重要。公共园林通常会修建在经济文化较为发达的城市，很多都是对自然景致，如山川河流等的园林化利用；也有部分公共园林是在原有名胜古迹基础上进行改建等。公共园林通常是政府出资进行修建，也有很多缙绅、贵族会以“做善事”的名义主导修建。从某种意义上说，公共园林的建成具有很强的市民自发性，如唐朝著名的曲江。这些公共园林在日积月累中规模不断地扩大，在推动经济发展和弘扬文化方面都有重要作用。例如，宋朝时期的西湖，当时已经具有了相当的规模，我们现在流连忘返的西湖十景当时已经存在，其文化底蕴非常厚重，对城市发展有着深远的意义。

除了上述提到的几种园林类型，我国还存在着不在少数的非主流园林，它们种类多样，形式庞杂，数量很多，遍布祖国各地，具有很强的地域性，如各地村落的祠堂、书院、会馆，徽州村落的水口园林、陵团、坛庙等，都是常见的类型。

2.2 外国古代园林景观设计

2.2.1 西亚环境景观设计

西亚园林是一种较为特殊的园林形式，在形成过程中受到波斯文化和阿拉伯文化的双重影响。西亚园林覆盖范围极广，横跨欧亚大陆，从西班牙一直延伸到印度，其属于世界园林三大体系中独树一帜的一种。

1. 古埃及园林

古埃及不仅孕育了欧洲文明，在当时特殊的自然环境下，其造园风格也非常有特点。在埃及人的环境理念中较为重视自然现象的重复性和循环性，这也让埃及人的设计思想更为沉稳和冷静。有资料显示，公元前3000年在埃及已经建成了神殿、宫苑和众多的庭院。埃及地处赤道附近，气候非常炎热，所以极为重视对水和树木的利用。在对各种树木的孕育过程中，埃及的园艺业突飞猛进。这从当时流传下来的壁画中可见一斑，古埃及的庭院整体布局工整规范，周围筑有高墙，入口处设有塔门，专门铺设的甬道从入口直通住房，这就在庭院内部形成了一条清晰的中轴线；轴线两旁对称的位置建造了凉亭和各种形状的池塘，池中有莲和鱼；庭院周围整齐地种满棕榈树、无花果树。整个庭院布局合理，整齐划一，是规整式园林的最早表现形式。

图2-7 古埃及底比斯的法老宫苑复原平面图

总的来说，古埃及庭院的特点可以归结为以下三点：

（1）园林为几何式：有方池、规则道路、花坛等，树木栽植整齐（图2-7）。

（2）重实用：水池以实用为目的，多植树以避炎热，并植果树（图2–8、图2–9）。

（3）宗教色彩浓郁：园中设有金字塔、狮身人面像等宗教建筑，总体结构庄严肃穆（图2–10）。

2. 古巴比伦园林

现在的叙利亚和伊拉克所在地在公元前3500年时孕育了著名的两河文明，当时的美索不达米亚平原上已经出现了较为发达的城市，古代文明发展程度很高。奴隶主掌握了大量的土地和财富，为了获得精神上的满足，在住宅附近修建了各种形式的花园作为赏玩休憩之地。在那个时期，主要的园林都修建在幼发拉底河岸边的谷底平原之上，每个花园里都设有水渠，通过引水的方式灌溉花园。花园中花草丛生、布局合理。特别是发展到公园前6世纪，古巴比伦国的空中花园横空出世，更是震惊世人，被称为“世界七大奇迹之一”。空中花园是有史以来最早的屋顶花园，层层露台皆为金字塔形，以石拱支撑，石拱之下设有各种房间、洞窟；露台之上种植了各种奇花异草，还设有专门的提水装置，这样就能对花草进行灌溉。从远处看，整个露台好像悬在空中一样，因此得名悬空园，也就是世人所称的空中花园（图2–11）。

图2–8　阿米诺菲斯三世时代某大臣的壁画

图2–9　阿美诺菲斯三世时代大臣陵墓壁画奈巴蒙花园

图2–10　狮身人面像和金字塔

图2-11　空中花园

几百年后，古巴比伦王国覆灭，波斯国的园林艺术逐渐发展起来，成为西亚园林的中心。波斯的庭院设计主要是以伊斯兰教中所描述的天堂为蓝本的。波斯人将《古兰经》中提到的水、乳、酒、蜜四条河流幻化成四个主干渠，和周边的水池相连，呈十字形，将庭院均等地划分为四个方块，院内遍布花草，周边设有围墙，庭院内的建筑物较为开敞，通风性好，整个园林气息浓郁，成就了当时伊斯兰园林独有的建造风格。而这一风格也被后来的阿拉伯人继承下来。阿拉伯人原来是居住在草原上的游牧民族，对水和绿洲有着天然的向往和追求。这样的感情也体现在其园林建造上。17世纪，阿拉伯人建立了强大的伊斯兰帝国，横跨亚欧非三大洲，也将其园林建造风格传递过来，著名的泰姬陵就是其中的典型建筑（图2-12）。传到意大利时，意大利结合自己的特点进行演变，加入了水中元素，形成了欧洲园林的主要特点。发展到近代，西亚园林的发展脚步停滞了下来，但不可否认，不管是古埃及还是波斯国，

图2-12　印度泰姬陵

都对当时的欧洲园林复兴起到了不可磨灭的作用。失去了西亚园林的助推，欧洲园林也没有了继续发展的原动力了。

2.2.2　欧洲古代环境景观设计

美洲和欧洲有着类似的历史渊源和文化传统，美洲的园林文化是从欧洲园林的发展中演变而来的。欧洲园林在世界园林体系中地位举足轻重，传播范围极为广泛，对社会产生了深刻的影响。

《圣经》中曾经对西方园林景观有着这样的描述："上帝创造出伊甸园，这是一个人人向往的理想处所。"西方古典园林也被称为欧式庭院，其发源可以追溯到美索不达米亚地区，那里最早的园林都是葡萄园或菜园，随着时间的推移，逐渐演变成商人或官吏的私家庭院。

1. 古希腊

古希腊的造园艺术源自波斯，在西亚风格的影响下，古希腊的庭院布局方正规整，园中柱廊环绕，中庭宽阔敞亮，庭中有喷泉、雕塑、瓶饰等，种植有蔷薇、罂粟、百合等花木。建筑物依照地形特点进行修建，加以花草树木映衬，园林景观初具规模，同时又带有浓厚的宗教色彩，当时较为知名的园林都修建在圣地和竞技场的周边（图2-13）。

图2-13　古希腊阿波罗神殿

2. 古罗马

古罗马在希腊园林的基础上加以演化，发展出了山庄园林。因为当地的地势起伏，很多庄园都只能修建在坡地上，人们将坡地平整成不同高度的台地，使用挡土墙和台阶将各个台地联系起来。园林建筑一般都会修建在最上层的台地上，这样就可以凭高望远，领略整个庄园的秀美景色。园林也是庄园建设的一个部分，其布局和规划都有着明显的格局，花草树木都会被修建成各种形状。古罗马对水非常重视，在造园过程中，不管是厅中还是园里都离不开水。罗马时代的园林既营造了一种生活环境，也体现出了较高的艺术价值，是西方建筑园林史上的一个鼎盛期。在不断的演化中，罗马出现了住宅和园林相互融合的园林别墅，这也是西方建筑艺术的一大创举（图2-14至图2-16）。

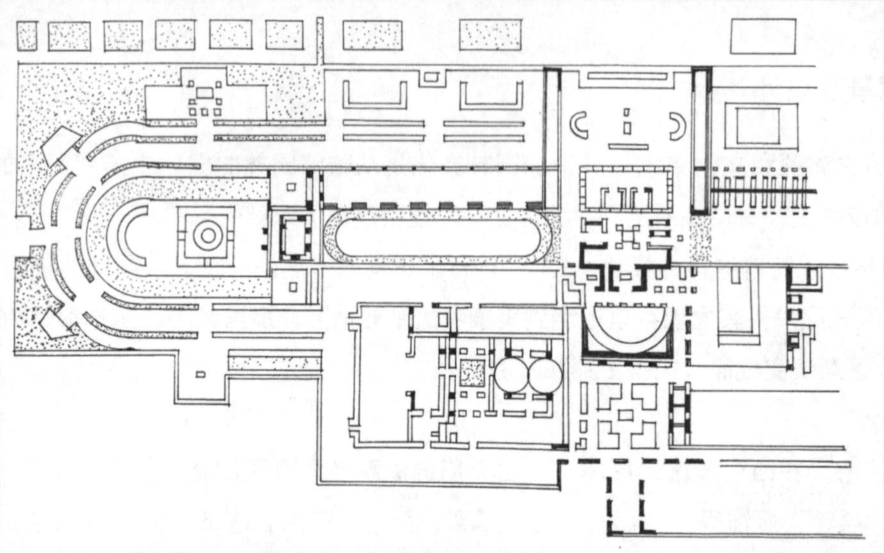

图2-14　洛朗丹别墅庄园平面复原（邓翀　绘）

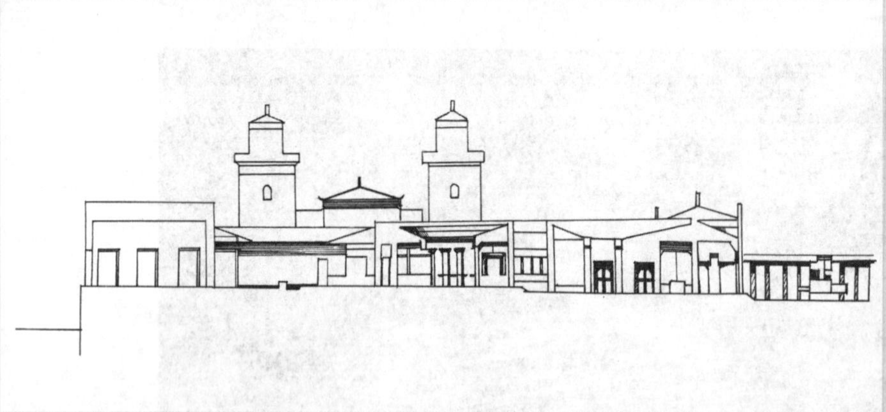

图2-15　洛朗丹别墅庄园剖面复原（邓翀　绘）

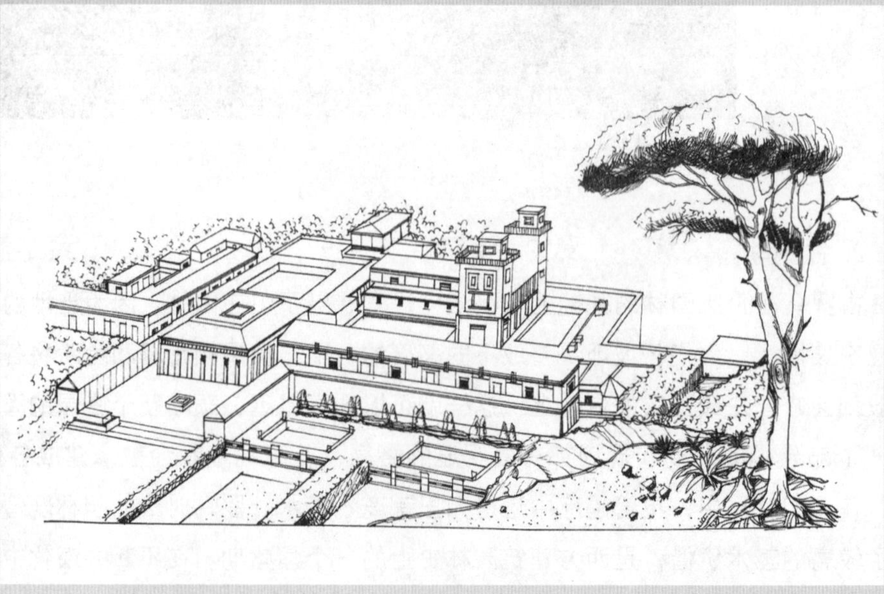

图2-16　洛朗丹别墅庄园透视复原（邓翀　绘）

图2-17　朗特别墅

图2-18　朗特别墅利用台地设计的水体景观

3. 文艺复兴——意大利

和中世纪相比，意大利文艺复兴时期唤醒了人们的创造意识。这个时期的艺术宗旨就是尊崇人性，展现世俗生活的乐趣，在这个时期人文主义焕发出勃勃生机。

这时的意大利，延续了古罗马庄园的显著特点，在近郊建造了数目众多且景色宜人的别墅园林，其中较为典型的别墅有艾斯塔别墅、迦兆尼别墅、朗特别墅（图2-17、图2-18）。在布局上，别墅园林通常选用规整式结构，但不会凸显中轴线。园林一般被分为两半，一半贴近建筑建成花园；另一半位于花园之外，修造成林园。沿着地势形成的坡地被平整成一层一层的台地，由一条自上而下的纵轴贯通起来，和每层台地交叉，这个位置会根据地势设置喷泉、水池或是凉亭，作为每层台地的中心位置。周边的布局会依照中心位置以及轴线按照规定的图形铺展开来。几何图形的花圃上种植着修剪整齐的树木，边界上围绕着直线形的绿植篱笆。纵横交错中的主轴线较为明显。精心修葺的台阶、喷泉、雕塑是驻足停留的休憩之所，也是迎接来宾的起点。横向轴线的两端设置了明确的收尾对景，而纵轴的尽头就是位于庄园最高点的建筑，它是整个园林的核心之所在，以庄严肃穆的造型俯瞰所有的景致。另外，园林对水也格外重视，会在高处聚集水源当作蓄水池使用，并根据地形修建顺势而下的管道，将泉水转化成瀑布，且在每个台地上，利用地势落差的作用力做成喷泉。在意大利，喷泉是财富和地位的象征。为了让视觉效果更为明显，喷泉周边会雕刻很多塑像，在轴柱附近设置多个水盘，制造出塔的形状；也可以将雕像安装在挡土墙上，这样就可以呈现壁泉的效果。对园林进行装点的小品也是多种多样的，如石栏、碑铭等，也可以以神话传说为背景制作各种石雕。

图2-19　凡尔赛宫苑鸟瞰图

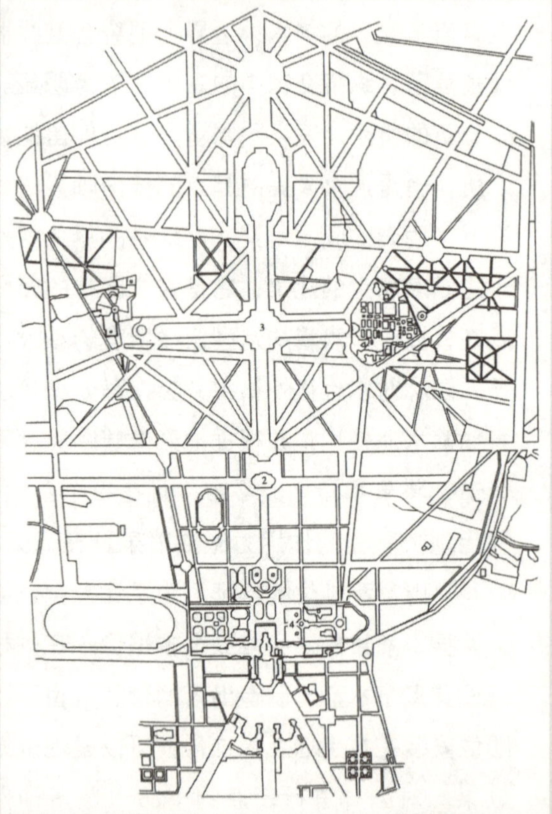

图2-20　凡尔赛宫苑平面图

这个时期的台地园较为明显的特征就是凸显了人对自然和建筑的主导作用，也体现了纪念性构图建筑在园林建设上的重要地位。意大利台地园不管在地势修整、花木栽培还是水法引导上都技艺精湛，可供后世借鉴。

4. 古典主义——法国

法国的造园风格和意大利一脉相承，其园林风格较为明显的特征就是出现了台地式园林、果盘式喷泉等，这也是法国园林的显著特点。因为法国的地势较为平坦，所以在园林修建的规模上，非常的宽阔而堂皇；在对水的处理上，主要凸显水的镜面效果；对花卉的使用规模也很大，绣花式花坛就是由此出现的。这样的园林效果全方位地展现了人工美。其基本宗旨就是在变化中坚持统一。这里提到的变化，是指园林地形的多变和布局形态的多样。另外，花草树木不管是品种、造型还是颜色也是异彩纷呈。统一指的是一切多样性都应该“井然有序，布置得均衡匀称”，认为园林应该是一个整体，不管是直线还是直角都要按照几何比例进行仿照。

17世纪后期，法国造园家勒·诺特尔提出要“强迫自然接受匀称的法则”。他是凡尔赛宫的主要设计师。这个宫苑凭借大规模的草坪、花坛和宏伟享誉世界。中央林荫大道上的水池、喷泉、台阶、雕像等建筑小品和花坛、绿篱等，都是按照几何图形的样式仿照出来的，堪称规整式园林的翘楚，和意大利台地园林相比，其组织性和秩序性更强，是古典主义的完美体现。凡尔赛宫苑所呈现出来的雍容气息和恢宏大气也远胜意大利台地园林（图2-19、图2-20）。凡尔赛宫的成功让其造园风格风靡一时，被世人冠以路易十四风格。勒·诺特尔在此之后声名鹊起，当时几乎所有的欧洲国家都对规则式园林进行了仿制。

5. **自然式——英国**

17世纪50年代，英国的资产阶级革命爆发，在“自由、平等、博爱”的口号下，原属封建贵族的私家园林被充公，最终成为公园向全体民众开放。随着英国资产阶级革命取得胜利，人们开始重新审视人与自然的关系，也认识到人和社会之间其实是平等的。

18世纪后期，社会上针对规则式园林出现了很多批评之声，究其根本就是这种园林风格忽视了自然环境的原有风貌。也就是在这个时期，欧洲文学领域出现了浪漫主义运动，推崇自然和谐，这也对当时的造园风格产生了不小的影响。英国否定了规整的几何图形以及人工对植物的修剪，也摒弃了长期以来的唯美主义园林风，开始采纳了中国古典园林的艺术风格，维持草地、河流以及花草树木原有的特征，开启了自然风景造园的新时代（图2-21）。

图2-21　伯利园

在一定意义上，自由曲线在西方园林中的大规模使用就是从英国开始的，这样的园林风格给西方园林带来了一缕轻松的自然风。

对西方园林史进行审视不难发现，从古埃及开始直到17世纪，几乎所有的庭院都采用了“规则式”的样式。进入18世纪以来，英国出现了风景造园的风潮，园林也突破了原有的规则造型，开始有了不规则的趋势。在古代的西方，一般情况下庭院的格局都是中庭式的，周边以建筑物进行环绕，也就是说，庭院大小格局是由建筑来决定的，包括“神殿庭院”和“庞贝城柱廊中庭”都不例外。即便是到了中世纪，修道院庭院也是选用了回廊式中庭格局。直到意大利文艺复兴时期，造园风格才从中庭式演变为台地式，中庭结构从封闭转为开放，且把主建筑建在高台之上，以便登高望远。从表面上看，庭院已经不受周边建筑物的束缚和环绕，但是从建筑构思上看，依然是以建筑为主轴线进行对称分布。后来，台地式造园从意大利传往法国，勒·诺特尔依照法国的地理特点加以改建，最终设计出平面图案的风格，但是以建筑物为中轴线对庭院进行布局的理念没有改变，庭院整体依然是左右对称、整齐规整的。到1820年前后，英国大力推崇风景式造园，推出了一系列不规则的园林布局形式，覆盖掉原来规则式园林的痕迹。

2.2.3 其他环境景观设计

日本庭院将大自然和人工之美完美结合起来，再融合日本岛国的气候特点，体现出日本人所独有的审美品位。其设计匠心独运、用料考究精到，还能体现出宗教、文化和历史的气息。一座日本庭院可以融合文学、绘画、茶道、插花、书法等多种文化，可堪比庭院中的精品。其主要类型有以下几个。

1. 筑山式洄游式庭园

筑山式洄游式庭园也称“林泉式洄游式庭园”，在日本占有重要地位，这种庭院的主要特点是砌石成山、引水为池，再修建亭台楼阁，寓意自然界的缩影。东京、京都、大阪等地，此类名园颇多。其中京都是日本庭园的重镇，诸如西芳寺、金阁寺、银阁寺、天龙寺和大觉寺等，都属此类。尤其是金阁寺庭院，以镜湖池为中心形成了视野开阔、风光旖旎的庭院。人在园中，沿着蜿蜒曲折的游廊，靠山临水，能看见碧波荡漾中金阁的倒影，虚中有实，实中有虚，引人遐想。整个庭院格局精巧，所有景观都依山而建，加以游廊引导，意境悠远。庭院内遍布珍贵花草树木，在庭院师的精心栽培之下，错落有致，起到了很好的烘托效果（图2-22、图2-23）。

图2-22 筑山（1）

图2-23 筑山（2）

2. **枯山水庭园**

枯山水庭园也称“平庭”或“石庭”，主要以岩石为主，白砂、绿树、苔藓、黑石相衬，这个构思源于我国的水墨山水画，顺应自然，质朴宁静又意境深远。这种类型的庭院一般都修建在书斋之外或是寺院之中。在日本现在的北九州就留存一处，它原本属于松本家住宅，园中空间不大，用黑石、白砂、灌木、绿苔布置成寓意自然的庭院，又以白沙铺就地面，蜿蜒曲折，仿佛一条小溪从庭院中穿过，其间松柏掩映、苔藓星布。专门在园中散置了数枚“飞石”，即供行人踏脚所用的不规则石板，通常是“六分走道，四分景色”（图2-24）。

图2-24　日本龙源园枯山水

3. **茶道庭园**

茶道庭园也被称为茶室庭园，以质朴简约为主。日本茶道是由茶饮、茶艺、品茗最终上升到茶道的高度，能让人提神醒脑，也能使人身心愉悦。日本茶道在和园林艺术结合以后创立了茶亭。日本茶道源自中国，是对孔子思想和老庄价值观的重新体现。茶道精神讲究“和、敬、清、寂”，是宾主交流感情的良好方式。茶道庭园的露地（室外环境）、茶室（饮茶之所）、“怀石料理”（伴茶之菜）、茶具（茶道之器）等，表达出主人虔诚的待客之心（图2-25）。

图2-25　日本定道茶庭

茶道首先要达到的境界是“洗心”和“人定”，然后提升到“寂”和“侘”的高度，而园林气氛的营造主要是从三个方面体现的，即茶室建筑的特色，茶室一般面积不大；内部趋于小型化，这样可以缩减不必要的空间，让宾主之间的交流更加密切；室外露地保持枯寂。在茶道的意境中，步石的质地较为粗糙，寓意被风吹雨打过的山道，蹲踞式洗手钵则代表虔诚地获取圣泉之水，满地松枝暗指茂密森林，石灯笼象征神灯。还有的庭院会在窗楣上再加腰窗，绿篱上加开景窗，将园路铺设得蜿蜒曲折，取意境深远之意。与此同时，用料偏向古朴，打造古风民俗，达到“和、敬、清、寂”的境界。

2.3 现代环境景观设计

从19世纪末到20世纪初，随着西方经济的大力发展，工业程度的日益提升以及社会结构的剧烈变化，在文化艺术领域也出现了一场现代主义运动。这是一场来势汹汹的社会思潮，几乎所有的领域都被席卷和波及。当现代艺术和建筑理念发生碰撞时，园林艺术也受到了很大程度的影响。

现代园林不管是在表现形式、实际功能、构图思想、具体内容、选材用料上，还是服务对象上都和传统园林有着本质上的差别。现代园林从当时的艺术内涵和建筑理念中汲取灵感和养分，不断地调整着自身的设计思路和表现形式。这样的内容和风格主要体现在以下四个方面。

（1）坚持为大众服务。现代主义园林的最终服务对象是广大民众，在设计中也要坚持以人为本的思想，对大众的实际需求进行充分考虑。

（2）实现形式与功能的完美结合。建造现代主义园林的主旨就是满足人们的休闲娱乐需求，在具体的设计过程中要注意其功能性，不能让形式和功能之间出现脱节（图2-26）。

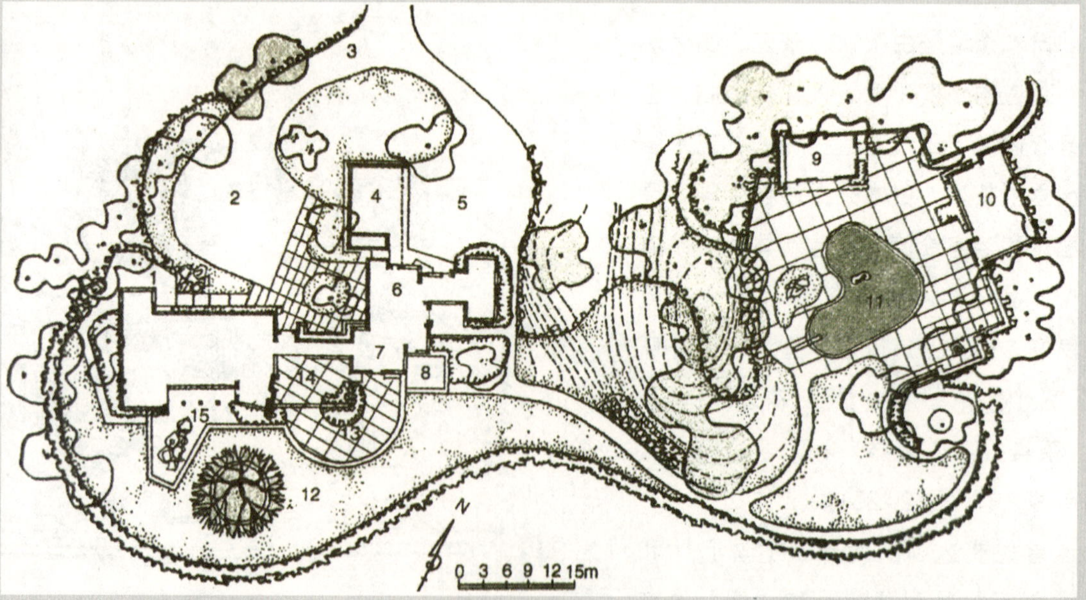

1. 后花园；2. 停车场；3. 车道；4. 车库；5. 户外活动场；6. 厨房；7. 餐室；8. 露餐室；9. 凉亭；10. 浴室；11. 水池；12. 草地；13. 水磨石铺装；14. 综合室；15. 砖石铺装

图2-26　唐纳花园平面

(3) 让园林和自然环境进行融合。现代主义园林是在经济发展和城市进程不断推进的过程中出现的，和城市环境息息相关。所以园林风格要和城市特点相匹配，同时还要维持协调的、自由的室外空间环境，这样才能符合各个年龄段、不同人群的多样化需求。

(4) 不能忽视空间的概念。空间的概念首先出现在建筑学的领域，现代主义园林采纳了这一概念，在园林设计中强化了空间的功能性和流动性，将空间的概念融入了设计当中。

案例点评

唐纳花园

丘奇最著名的作品是1948年的唐纳花园。庭院由入口院子、游泳池、餐饮处和大面积的平台所组成。平台的一部分由美国杉木铺装地面；另一部分是混凝土地面。庭院轮廓以锯齿线和曲线相连，泳池流畅的曲线以及池中雕塑的曲线，与远处海湾的“S”形线条相呼应。树冠的框景将原野、海湾和旧金山的天际线带入庭院中。从花园中泳池的形状和木板的铺装，不难看出芬兰建筑师阿尔托的玛丽亚别墅设计的曲线形式对丘奇的影响（图2-27、图2-28）。

图2-27　唐纳花园效果（1）

图2-28 唐纳花园效果（2）

拓展阅读

[1] 蔺宝钢，吕小辉，何泉. 环境景观设计[M]. 武汉：华中科技大学出版社，2007.
[2] 刘庭风. 中日古典园林比较[M]. 天津：天津大学出版社，2003.

3

第3章 环境景观设计构成要素及基本原则

3.1 环境景观自然要素

环境景观自然要素包括水、石、地形、植物等，如果把这些要素的特点挖掘出来，变换形式加以灵活运用，就能营造出与众不同的视觉效果。这些自然要素在不同的环境当中会有不同的表现，也就成就形态各异的景观造型，这种凭借自然要素打造出来的氛围是现代人较为推崇的理想景观环境。

在景观艺术领域，园林经常被视作人和自然之间的联系纽带，和自然风貌相比，园林是人工打造出来的环境；如果和钢筋混凝土的建筑物相比，园林又是自然环境的一种。因此，在某种意义上，园林和自然之间的关系非常紧密。在提到中国古典园林的时候，很多人都用“虽由人作，巧夺天工”来形容，由此可见，在我国古典园林的建设中，充分体现了“自然”这一要素的重要意义，这是我国古典园林创作的源泉和基础。其中包含两方面含义：第一，依托自然山水地貌进行园林创作，这种类型的园林被称作是天然山水园林，其典型代表就是汉朝的上林苑；第二，按照大自然中的山水形态和植物特征在园林中进行重新地加工和创造，最终成型的园林景观就被称为人工山水园林。在我国明朝和清朝的大多数园林都属于此列。前者较为推崇自然之美，而后者是把自然景观要素融入人工园林当中。不管是哪种形式，都从各个层面体现了自然景观要素在古典园林创作中的显著作用。

3.1.1 地形

要想进行园林景观建设，第一个需要接触到的要素就是场地的地形。场地是一种来自自然界的地貌特征，是千百年来由人与自然互相作用中形成的，其地形和地貌状况具有很强的稳定性。场地地形为园林景观设计和规划的推进提供了可能性，所以人们要在尊重和维护基地条件的基础上开展规划活动。

地形基本条件主要包括地形规模、走势、分布和具体变化。在规划和设计的过程中，要对场地地形有深入的分析和了解，对停车场的位置设定、道路铺装、广场设计等环节反复推敲，合理设计水景的造型和规模、科学规划排水系统、挑选和培植绿植等。根据掌握的地形图对场地的坡度进行测量，根据坡度的角度划分出等级，不同的等级标识不同的颜色，形成坡级分析图，这对后续场地规划有着较大的作用。在实施园林规划时经常会用到的坡级有四种：第一，场地坡度 < 1%，适宜修建广场、建筑或是各种道路，要注意做好排水工程；第二，1% < 场地坡度 < 4%，只需动用小型土方工程，同样可以修建广场、建筑物或是道路，这样的坡度凭借自然排水即可；第三，4% < 场地坡度 < 10%，如果想要修建广场、建筑物或是道路，就要对地形进行改造；第四，场地坡度 > 10%，不能大范围用地，如果确定需要大范围用地，就要对地形实施大规模改造，且这样的坡度不适宜修建车行道路，即便是修建步行道路也要设置多层台阶。在具体的场地规划时，要尽可能地对场地的原有条件进行应用，减少改造的幅度。

3.1.2 土壤

在对自然景观要素进行打造的过程中不能忽视土壤的重要作用，凡是涉及园林规划和设计的工作，都和土壤密切相关。深入了解土壤具体情况、掌握土壤特性，能为以后进行道路修建、广场规划和植物栽种打下良好的基础。

涉及园林景观规划和设计的土壤特性主要包括以下几点。土壤承载力，具体指的就是土壤内部结构的稳定程度和坡面的牢固属性，如果土壤承载力较好，那么在此修建的建筑物、道路等就会稳定耐用。通常，如果土壤湿度较大，所含有的有机物质较多的话，其承载力是比较差的。假如确定地面负荷大于土壤承载能力时，就要采取必要的工程措施，如夯实、打桩等增加承载力，在坡面不稳的区域要设置专门的挡土墙对坡面进行保护；土壤的pH值和肥力会对绿植的选择和栽种产生直接影响。如果是在北方等寒冷地区，还要考虑到冻土等问题，掌握当地冻土层的深度、冻土期何时开始和何时结束等。对冻土期可能产生的消极影响要足够重视，尤其是对道路、植被等，因为冻土如果发生膨胀的话，就会引起植物根部的断裂。所以要对冻土以及植物的特性加以深入了解，防止浅根系植物因为冻土的原因而大量死亡。

3.1.3 气候

在对园林进行规划和设计的过程中不能忽视气候的作用。气候主要是通过光照、温度变化、降水、降雪、刮风等天气情况表现的，这些气候特征还可能和园林环境当中的很多要素融合起来，进而引发其他的现象和作用。

在我们生活的地球上，所处纬度不同，受到太阳照射的程度也各不相同，所以地球上会产生不同的气候带，也会出现形态各异的自然景观。因此在进行园林设计时，要根据地域的差别，从场地规划、施工设计、道路铺装、绿植栽培等各个方面进行考量。如果是在同一区域，就要根据季节的变化进行园林规划。总的来说，合理掌握气候条件的变化是进行场地环境规划的重要条件。

1. 温度

温度对园林景观的设计影响较大，因此在实际的规划工作中要对温度特别留意，如一年四季的温度变化、早晚温差、最冷和最热的时间分别持续多长等。温度上的差异对园林规划的方针和策略会产生直接的影响。如果是在高纬度地区，温度常年较低，人们不会经常进行室外活动，那么在进行园林规划设计时就不要设置过多的室外活动场地。另外，因为冬天气温太低，所以不必设计很多的水景；如果是在低纬度地区，常年温度较高，那么在具体的规划过程中可以适当增加户外活动设施，也可以多增加一些水景，增添户外活动的乐趣。再有，因为温度不同，所以在植物选择方面也会有不同的判断和结论。如果当地温度比较低，那么最佳方式是种植四季常青的针叶树种；反之，当地温度适宜，那么植物种类也应该比较丰富，选择面随之变宽。

2. 日照

日照的不同会影响当地的温度，还会对园林设计产生影响。因为不同纬度地区太阳的高度角是不同的，这样的影响不容忽视，如在北半球的一个固定区域，夏至日照最长，太阳的高度角最大，冬至反之。从这个角度可以对场地中建筑以及林地背面所受到的日照情况进行分析。在夏天，对日照阴影线进行研究就能得出当地的永久无日照区，在这个区域内，因为没有阳光，所以尽量不要进行种植花草树木等，如果实在需要种植，也要选择能耐受阴暗环境的植物；在冬天，分析日照阴影线能得出当地的永久日照区，那就可以把更多的植物和相关的活动场地都安排在这个区域之中。

再有，充分的日照可以对园林植物的繁殖和生长产生很大的影响，所以在对植物进行配植的过程中，要充分考虑日照条件这一因素。

3. 降水

降水也是需要特别关注的，它会影响场地的规划和局部的设计。需要重点关注的降水信息主要有每年降水情况、最大雨量、持续时长、不同季节的降雨天数等。掌握了这些资料，在对地形情况复杂的园林进行规划设计时，就能合理安排排水渠道，进行坡道加固等；在对各种公共设施进行建设之前，要对材料进行慎重选择和精心研究，如果是在暴雨频发的地区，就要在陡坡上设置挡土墙等，防止出现滑坡；还要在道路两边设置足够的排水渠道和排水管，在很多公共设施，如电话亭、座椅、垃圾桶上也要加盖挡雨棚；在对建筑物进行设计时屋顶最好选用坡形，这样有利于顺利排水。

4. 风

在影响园林规划设计的诸多要素中，风也是较为重要的元素之一。因此在具体的工作中，要对风的情况进行详细了解，如当地冬天的主要风向和强度、夏季的风速等，这对是否需要引入防风设施至关重要。一般情况下，在夏天，需要在场地里引入一定的自然风；而冬天，尤其是北方，需要对寒冷的季风进行阻隔，总之，就是要打造一个温度适宜的园林环境。

5. 小气候

园林中下垫面的结构情况在很大程度上和小气候的形成有着密不可分的关系。因为下垫面，如水面、草坪、硬装、微地形等如果差异较大的话，接受阳光照射和渗透水分的情况都会有很大区别，这些差异集中起来就会在当地形成特殊的气候特点，这就是我们所说的“小气候”。近年来，城市中经常出现的“热岛效应”就是非常具有典型特点的小气候。和周围农村土地相比，城市道路的硬度更高，硬质铺装在吸收太阳辐射方面比水面和植物都要弱很多，所以大量的热量依然被反射到大气层中，使得城市的温度大大高于周边农村，这就是“热岛效应”形成的原因。园林空间就是要在城市中打造一个适宜的小环境。所以，要对基地的各项设施和要素进行分析，研究其对小气候所产生的影响，这对园林规划和布局有着非常重要的作用。例如，水体、植物等可以稳定小环境的温湿度；植物具有较强的遮阴效果；自然风能对小气候中的环境条件进行改善，这些都会使整个环境更加舒适宜人。

3.2 环境景观人文要素

在园林规划设计当中，除了考虑自然要素之外，也要对人文要素进行深入考量。人文要素包含的种类较为多样，题材也是极为丰富的。很多人文要素可以成为园林景观中的点睛之笔，如主题公园或是纪念公园等，都是围绕人文要素这个主旨进行创作的，人文要素对园林创作的很多环节产生重要影响，如场地建筑、道路修建、管道铺设、人口组成等。所以，在园林设计和规划的过程中，不仅要深入分析自然要素的影响，也要重视人文要素的显著特征和主要作用。

人文要素大致上可以分为非物质性和物质性两种类型。

3.2.1 非物质性

非物质性人文要素主要指的是文化成果和内涵，这是经历了漫长时间，在历史长河中沉淀下来的瑰宝，是人们对各个领域的文化知识进行的总结和积累，然后以景观、造型和颜色的方式呈现出来的，其内容涵盖极为广泛，包括文化、历史、艺术、科学、战争等各个领域。园林是艺术的一种典型形式，也具有浓厚的文化特点，这也是一种比较自然的状态，在我国古典园林中，经常会出现书法、绘画、雕刻等艺术形象；在现代景观中，也会常用到雕塑、书法等元素；很多体现民族特点和民俗风貌的造型、纹样等会以各种形式体现在园林景观当中。

我国古典的园林艺术就是因为和其他文化艺术要素实现了完美融合，体现出悠远的意境，才能历久弥新，展现出勃勃生机。苏州园林是古典园林的典型代表，在其造园过程中融合了历史、文化、艺术等多样性元素，打造出具有深厚文化内涵的古典园林，传递出影响深远的文化内涵，从园林的题名、内部装饰、雕梁画栋、花草虫鱼的各个方面，都能体现深厚的文化底蕴，也把儒家、法家以及道家的深刻哲理淋漓尽致地表达出来；体现了园林主人的思想价值理念；对古典文学典故和形象进行提炼和打造，以此更好地渲染园林景观的意境，让游人在此获得精神上的满足和升华。再有，苏州园林通常都是宅院合一的私家宅邸，从其设计形式和建筑风格上可以体现出当时江南的民风民俗和生活习惯。

3.2.2 物质性

1. 场地范围

在具体实施园林规划设计时，要对园林用地的周边界线、半径有大致的了解，同时还要对场地的属性、范围、建筑内容有清晰的掌握，然后根据周边的区域类型和用地特点进行分类。通过对相关资料分析和研究，完全掌握园林场地的大小、形态等基础情况，了解具体建设会和周边环境发生怎样的联系，还要把当地特有的文化属性考虑进去，明确园林设计的主旨，然后才能制定相应的设计方案。比如，20世纪80年代末期，圣何塞市中心广场公园就是非常典型的园林规划设计案例。该广场坐落在美国的加利福尼亚州，设计师是当时著名的哈格里夫斯，公园广场周边分布了酒店、商务中心、博物馆、艺术馆以及会议大楼等，广场形状较为狭长，在西边形成一个交通岛，呈三角形分布。这样的设计实现了广场公园的功能性，也把当地的人文特性和精神生动地展现出来。宽阔的道路从东到西贯穿公园，辅路则是按照公园周边的建筑物进行设计，保证了功能性的充分发挥，路边设置了很多具有维多利亚风格的座椅，游人在此休息时可以感受到跨越三百年的艺术氛围；公园最大的亮点是位于中心地带的新月形花坛，它艺术的将广场分为两半，打造出一个生动的台阶，下方以方格对1／4的喷泉广场进行铺装，喷泉的二十多个喷头根据时间的变换喷出形态各异的水柱。在清晨时，薄雾般的喷泉和晨光相映成趣，而日出后喷涌而出的水柱象征着当地古老民族挖出自流井的不懈努力，傍晚时分，广场上的透明铺装代表着硅谷高科技产业的迅猛发展。音乐喷泉的所在地就是广场的中心，也是儿童游戏的乐园，游人们也可在此驻足和休闲，享受着美丽景致和艺术的熏陶。圣何塞市中心广场公园（图3-1）包罗了公园应该具有的所有功能，人们可以在这里徜徉、放松、交流、聚会。公园也淋漓尽致的体现了当地秀美的景致和悠久的历史。

图3-1　圣何塞市中心广场公园

2. **人口框架**

所谓人口框架，指的是当地人口结构和具体组成情况。规划和建设园林的实际意义就是为当地不同类型的人们提供各种服务，所以自然要对周边居民的情况有所了解。场地周边人口框架结构会对园林的设计和规划产生不小的影响。在实施规划之前，要对当地的人口情况和具体特点进行细致的了解，这样才能结合当地情况，给出较为适宜的规划方案。比如，大学校园里的主要人群就是老师和各个年级的学生，其人口结构较为稳定，且文化水平较高，普遍年龄不大。所以在大学校园里规划园林景观时，要对学校师生的生活、学习情况、心理需求等进行详尽的了解，再以较为科学的规划方式营造静谧、方便、舒心的校园环境，让学生在此可以安心学习、积极思考。再比如幼儿园，老师和幼儿是其中主要的活动人群，因此在此处进行园林规划时，就要考虑到孩子们天真烂漫的性格，可以用斑斓的颜色、夸张的造型吸引儿童的注意。同时也不能忽视对安全性的考量，不管是绿植还是铺装，在用料上都要保证无毒，确保安全性。

3. **人工设施**

所谓人工设施，就是指位于园林场地当中的，和园林设计有着紧密联系的各项设施，如各种类型的建筑物、道路等。

（1）构筑物

在园林用地中较为常见的设施就是构筑物和各种形式的建筑物，要对其大小、位置、规模、属性、使用情况进行详细的掌握，这在后期的园林规划设计当中都是必不可少的参考要素，也可能会直接以这些要素为中心展开园林建设。比如，木结构建筑是我国自古以来都具有较高艺术价值的一种建筑，是几代人智慧的结晶，在对风景区进行规划设计时，就要注意对古建筑进行保留，要将其作为一个重点元素进行恢复和保护，当成园林中不可或缺的景点，向来往的游人展示；有些历史文献中记载的古建筑，也可以在现代园林规划和设计当中进行恢复或是重建。黄鹤楼就是一个很好的例子（图3–2）。

图3–2 黄鹤楼

（2）历史遗留

我国具有五千年的漫长历史，不同的时期会留下不同的历史遗迹。随着考古发掘的不断推进，很多历史遗迹已经出现在当代人的面前，再加以科学合理的设计和规划，就可以在发掘地建立起古文化遗址或是古村落等。我国的半坡、河姆渡遗址以及法国的昂哥歇姆村落都属于这种性质；还有很多遗址属于工业范畴，是在工业革命之后出现的，再对其进行合理改造以后，也能体现出强烈的人文价值，如德国的杜伊斯堡公园就非常典型（图3–3）；再有，为了进行生态环境保护而建成的园林景观也比较常见，如哈格里夫斯肥料填埋场等。

图3–3 杜伊斯堡公园

（3）道路

道路指的是围绕和贯穿场地修建的各种道路。需要详细了解场地附近的道路设置和交通情况，如和主干道之间的联系、人流量、车流量、距离等，这些会影响园林景观的具体设计细节，如出入口设置的位置、场地内部道路规划、路边高度、排水管道放置等，还会对场地分区和空间序列安排产生较大的影响。

（4）管线设施

管线的设计、安置和具体使用情况都会对园林规划产生很大的影响。不管是地上露出的还是地下掩埋的部分都属于管线的范畴，主要包含各种电线、电缆、排水管道、暖气管道等，能直接影响园林场地中区域的划分、道路的修建以及绿植的设计等。所以在实施规划之前，要对园中所有管线所处的位置、用途、掩埋深度等进行充分的了解。比如，假如有高压线从园区内部经过，就要采取相应手段，如种植大量植被、进行水体开挖等方式，确保人和高压线之间不会发生任何形式的接触。

4. 发展方向

一个城市想要获得更大的发展必然会根据具体情况做出发展规划，对城市用地的内容、范围、规模、用途进行详细的规定和说明，所以，园林的规划与设计要具有充分的预见性。园林规划属于城市规划的一个组成部分，所以要以城市规划的方向为引导，对周边环境的用地特点、未来发展方向、交通便利情况进行充分了解，这对后续的工作展开大有用处。

3.3　环境景观设计要素

3.3.1　地形

所谓地形具体指的是地表上存在的各项要素。地形主要包含的类型有三种：大地形、小地形、微地形。大地形主要有山川、平原、丘陵、峡谷、江河湖海；而小地形侧重于从园林角度来分析，主要包括台地、陡坡、水池等；微地形指的是起伏较为平缓的地形。

1. 平地

平地主要指的是公园当中坡度起伏不大的场地。在我国现代园林当中，平地的应用非常广泛，主要是因为其具有较为强大的功能性，能够提供非常便利的交通情况，有利于人群的集中和疏散，方便各项活动的召开。所以，在现代园林的规划和设计环节，基本上都会为平地预留一定的空间。再有，地势起伏平缓的场地凭借广阔的空间和视野，比较容易营造出恢宏大气的氛围和效果（图3-4）。

图3-4　平地

2. 堆山

堆山通常被叫作叠山。在我国古代，以古典方式进行造园时就较为重视运用自然界的山水地貌，所以古典园林又称山水园林。山和水能呈现出高低落差，游人在此流连，可以领略到形态各异的景致；堆山能为园林建设提供必要的场地，流水能对园林中的绿植进行灌溉，都可以让园景更加的丰富多样；再有，地势起伏蜿蜒，能为游人提供更多的赏园内容和更为丰富的赏园感受。

3. 叠石

叠石也被称为理石，是围绕山石打造的景致，凸显山石的美感。叠石具有很强的观赏性，如果再增加一部分功能作用，就能打造出视觉效果明显的造型。在园林景观设计与规划中，山和石两个要素之间是相互联系、不可分割的，可以当成园林的主要景观存在，也能起到很好的点缀装饰效果，因此在园林建设中作用较为显著。叠石组景除了具有极强的观赏性之外，其蕴含的人文理念和内涵也较为丰富，能让游人产生很多观赏体会，提升园林的人文和艺术价值。

4. 理水

对园林中的水景进行打造离不开大自然中水的作用。即便是人工打造的水景，其实也是以自然界的水为基础的。要制造出观赏价值较高的水景，需要设计者根据园林的具体风格和特点对水景的表现形式进行选择，这同时也对水景创新提出了很高的要求。经常用于水景的形式包括喷泉、叠水等，这些基本的水景形式可以根据园林规模、风格的不同呈现出异彩纷呈的效果，也能为园林营造出迥然不同的视觉效果。

3.3.2 植物

1. 植物景观特点

植物具有强大的景观功能，能为人们提供流连忘返的秀美景致。植物景观具有其他环境要素所不可比拟的优越性，其显著特点是可以以勃勃生机对人们的生活环境进行装点，让人置身其中，而获得身心愉快。特别是对久居钢筋混凝土建筑当中的人们，恰到好处又富于变化的植物景观能帮助人舒缓压力，带给人赏心悦目的体会，这就是设计绿色景观的现实意义。再有，随着一年四季的气候变化，植物的形态、特点、颜色等都会随之变化。比如说落叶植物，在不同的季节呈现出的状态和特点迥然不同，别的植物就算变化没有如此之大，也会因为季节和气候的关系产生一定程度的差异。在对环境景观进行设计时，需要把植物的这种属性和变化状态考虑进去。要掌握单株植物和群组植物的具体特点，在相同季节的生长情况，还要注意其在春夏秋冬四季的生长周期和演变规律。在此基础上对植物进行合理的摆放，达到“三季有花、四季常青”的效果，保证景观的观赏性。植物的生长需要具备相当的自然条件和环境要素，如阳光、空气、水分、土壤等。所以要在掌握当地环境特点的情况下把握好植物的生命周期和具体特点，才能打造出极具欣赏价值的植物景观。

2. 植物景观功能

（1）围合

植物的适应性很强，只要是空间中存在的平面都可以进行植物种植。空间的边界可以用高矮、大小、类别不同的植物进行分割。最终形成的区域就被称为是围合空间。

处于地平面上的植物即便是没有在垂直面上对空间形成各种形式的限制，也会以独有的方式进行暗示。处于垂直面上的植物可以通过多种方式对空间感产生影响和作用。例如，植物的树干能围合出一个区域，而具体的围合感会根据树的种类、疏密程度的不同而产生相应的差别，植物的枝叶是繁茂还是稀疏都会对很大程度上影响空间围合感。植物种类的差别和一年四季的变换也会通常产生不同的作用（图3-5）。

处于顶平面上的植物就好像为户外环境加盖了一层天花板，让视线在此停驻，会对垂直面的尺寸和规模进行限制（图3-6）。

根据植物的形态可以打造出各种特点鲜明的空间，同时也能对空间序列进行重构。在结构方面，植物可以对室外空间的顶平面进行合理遮盖，也能对空间序列的视线进行有目的性的引导。

植物可以和所处的地形地貌产生相互作用，对地平面上形成的空间进行装点或是遮挡（图3-7）。

图3-5　开放型空间（邓鈋　绘）

图3-6　完全封闭空间（邓鈋　绘）

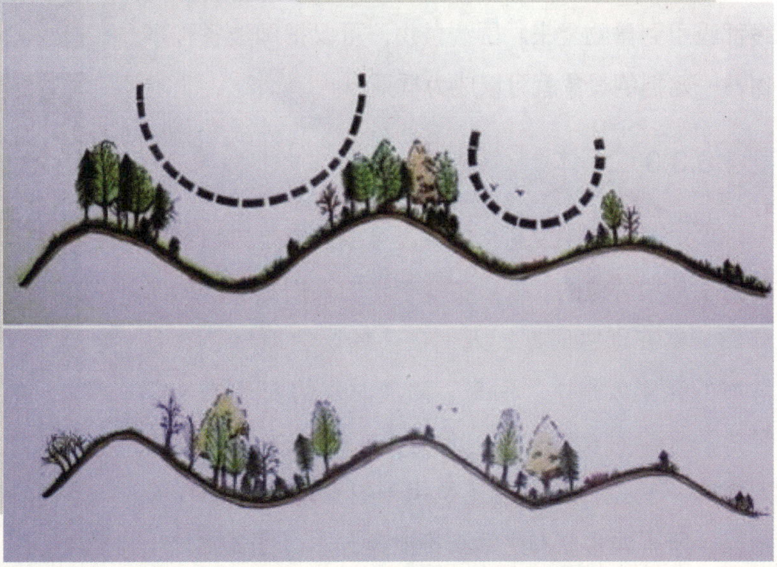

图3-7　植物可以增强或减弱地形所构空间（邓鈋　绘）

(2) 障景

所谓障景，指的是挺立的植物群犹如一面屏障，对人们的视线进行遮挡。障景的效果如何和植物的通透性有着直接的关系。如果想要把视线完全遮挡起来，就要选用彻底不通透的植物；如果想要体现出漏景的效果，就可以选择通透性较好的植物。

对植物进行合理设计，能很好地保证空间的私密感，和外部环境隔绝开来。如果想要让秘密性达到最好，植物的高度通常不能低于2米；如果想要机密性适度提高，那么植物的高度起码要到齐胸高度；而齐腰高或是更低的植物是无机密性可言的。

(3) 观赏

室外种植的植物是建筑物和周边环境之间联系的纽带，能对环境中较为突兀的元素进行遮挡和弱化，凸显出景观中的亮眼之处，对建筑物界面和外观进行点缀和修饰，让视线所及之处都呈现勃勃生机的景象。

① 统一

植物就好像一条引线，将环境中的各种要素和成分连接起来，植物的统一性可以体现在室外环境的各个位置，所有杂乱的景色都可以在此融为一体。

② 强调

和周边环绕物相比，植物具有特定的形状、规模、颜色，能更好地引人注意，所以比较适合放在建筑物入口的位置，也可以以此来和其他场地进行连接。

③ 完善

植物具有对建筑板块或是形状进行重新塑造的功能，可以实现建筑物和周边环境的连接，所以能让设计和规划更加完善。

④ 框景

植物对周边环境和景物空间序列能产生较大的影响。枝繁叶茂的植物能很好地对景物两边的事物进行遮盖，凸显出景物本身的独特优势，也把过往者的视线都吸引到景物上来。围绕景物，可以把周边各种事物一一遮挡的景象就可以成为框景。

3.3.3 水体

水对于人类来说意义非凡，可以说它是自然界中最为基础和关键的元素。古今中外的人们都对水无比依赖。早在远古时期，人们在选择居住地时必然会考察的元素就是水。后来，随着时代的变迁，人们考察的元素种类变多了，但是人们对水的依赖有增无减，不管是日常生活还是用于农业灌溉、畜牧养殖等，所有的生产和生活都不能离开水（图3-8)。

图3-8 水体景观

水孕育和滋养了所有的生命，人类对水的亲近和依赖是与生俱来的。人们用最美的文字、最动人的笔触和最曼妙的音乐去歌颂它、描摹它。对人类来说，水的意义早已不再停留在物质层面，而是实现了精神上的升华。人类和水的关系可以体现在生活的方方面面，人类对水的认知也在生活中越来越深入。具体到园林设计和规划领域，水的作用和影响也较为突出，不管是在美化城市环境还是在调节城市生态方面都起着举足轻重的作用。

1. **水体的作用**

水体景观特性的不同会给观赏者的心理带来迥异的感受。从物理学的角度来说，水是透明的，是可以进行反射和折射作用的物质。不过具体到园林景观当中，在地形、地貌、光线、压力的作用下，水景会呈现出不同的质感。例如，在平滑如镜的水面上，能映衬出周边环境的倒影，当水流经过陡坡、台阶时，因为中间物质的材质不同，可能会有时湍急、有时喷涌、有时泛出泡沫。对水的特性进行深入掌握，对在园林景观中搭建水景具有现实的意义。

人类不管是生产还是生活都离不开水，随着时间的推进，水逐渐从原来的使用功能中又延伸出更为多样的观景和赏鉴功能。在园林规划和设计当中，对水的应用形式多样。总的来说，水景的主要作用有以下五个方面。

(1) 焦点

围绕水体进行造景和设计，能更加淋漓尽致的凸显水景的观赏价值，将游人的注意力都集中过来，制造一个视觉焦点。因此，在大多数的广场或是公园的出入口都会设置水景。水景的表现形式极为多样，在城市景观中经常使用到的有喷泉、水流、静水池等几种形式（图3-9、图3-10）。

图3-9 小型喷泉

图3-10 水流

（2）带系

从人类诞生以来，就对水有着天然的依赖感。古代人在选择居住区时都会首选临水的地方，久而久之就在水系两岸构成固定的社会关系。在进行现代园林设计时，经常会把大自然中的完整水系引入园林之中，把园中的各个景点联系起来，围绕着水这个主题进行景观打造，体现别具一格的艺术水平，也会灵活运用流水或是跌水的形式，呈现出多样而炫目的视觉效果。

（3）基底

靠近河海的地区水域辽阔，倒映着两岸的树木、山峰和各种建筑，可以打造出意境悠远、极具观赏价值的园林景观。通常情况下，水体面积较大，再加上岸边的各种城市元素，可以形成得天独厚的滨水景观。

（4）生动

在现代化园林当中，水景是最为生动、最吸人眼球的景致，可以对环境气氛进行营造和烘托，也能让游人产生精神上的共鸣，这也是我国古典园林一直较为推崇和延续的造园法。总的来说，在园林规划和设计中，可以根据实际情况打造各种水景，如瀑布、喷泉、跌水、静水等（图3-11、图3-12），让环境气氛更加柔美而活跃。

图3-11　瀑布

图3-12　静水

（5）生态

园林中的水景不仅具有极高的艺术欣赏价值，其生态意义也是较为深远的。水景可以很好地对周边环境的温湿度进行调节，进而让小气候更加宜人，同时可以提升空气质量。水体中能生长出各种生物，可以让园林环境中生物种类更加多样化。

2. 常见水体景观形式

园林景观设计的类型多种多样，具体到水景上，基本都是根据自然水景的形态打造出来的。在设计过程中，要根据园林的风格和特点对水景形式进行选择，保证呈现独具特色的视觉效果，这就需要水景设计具有相当高的创新水平。经常用到的水景类型有喷泉、瀑布、跌水等，这些形式在实际的呈现过程中，会因为设计形式、规模的差别，呈现迥然不同的艺术效果。

水体可以分为自然式和规则式两种形式；也可以分为静态和动态两种类型。

（1）湖池

湖池是静态水体的主要表现形式。通常是围绕各种类型的湖泊或是池塘等景观主体进行打造，是园林中随处可见的水景类型。静态水体在后期塑造上，可以打造出形态各异的景观形象，静静的水体倒映出岸边的建筑、树木花草等，从各个角度都可以欣赏到不同的美景，所以在园林设计和建设中应用较为广泛。

湖池的布置一般都会遵循自然的形态，再在岸边根据具体特点设置景观。碧波荡漾的湖水中央会有小岛、桥梁、堤岸等对水面进行分隔（图3–13）。

（2）瀑布

瀑布就是水流从高处奔涌而下形成的。一般由四个部分组成：蓄水池、落水口、瀑布全身、积水潭。瀑布景色宜人，经常使游客流连忘返。

最常见的瀑布类型有直落式、跌落式、散落式（图3–14、图3–15）。

（3）喷泉

喷泉是游人经常驻足观赏的景观，不过落水四溅，可能会波及距离较近的人群。所以在对喷泉景观进行前期规划时，要对其溅落范围进行准确的计算，在设计过程中对安全距离进行研究。从理论上讲，四周直径 = 喷泉高度 x2。再有，还要把风等外力作用也考虑在内。

喷泉一般选用的是自然式泉池，再搭配上形态各异的水型，打造出或生动或柔美的景致。在大多数的园林中，喷泉周围会配有彩灯、花卉、雕塑和音乐，这样营造出的效果才会更加梦幻和迷人。在喷泉经常用到的喷头有扇形、花形、旋转形等（图3–16）。

（4）溪涧

溪涧是由泉水流淌形成的，泉水顺着山势蜿蜒向下，就形成了溪涧美景。一般情况下，溪水普遍开阔且较浅，而山涧多为狭窄且较深。在园林设计和规划时，可以在恰当的地方进行溪涧的设置，让其围绕着山石曲折向前，这样分分合合，可以形成形态各异的水面或是水流。

图3–13　苏州网师园

图3–14　直落式瀑布

图3–15　跌落式瀑布

图3-16　喷泉

3. **驳岸处理的基本形式**

水体和场地相连的区域就是驳岸，这是连接平地和水的纽带，可以对水体的边缘起到保护的作用，防止其被水淹没或是过度冲刷。另外，驳岸也是园林水景的构成之一，可以和周边的环境、景观、绿植、水体等以各种形式进行搭配和组合。不管是湖池、溪涧、瀑布、泉水等都会设有驳岸，会依照水体的形态进行打造，同时和周边的环境融为一体。

驳岸另外一种形式叫作护坡，是沿着水体的边坡修筑而成。其主要功能是保护水体和陆地之间的土地，防止在水的冲刷下形成“水土流失”，护坡的坡度要根据园林的具体情况设定。

图3-17　草岸

图3-18　假山石

（1）草岸

所谓草岸，就是把河岸修整为稍有坡度、绵延起伏的斜坡，再在斜坡上铺设草皮。草岸的设计并不花哨，较为贴近自然，体现田园风格。其适用范围较小，通常只适用于水位浮动不大的水体。

要对草岸的地基进行核实，如果是容易塌陷的地方，要根据实际情况进行加固，通常选用的加固材料是岩石，这样能保证草岸的野趣，也能让岸边景致更加丰富（图3-17）。

（2）假山石

在我国古典园林当中较常用到的水岸装饰方法就是设置假山石。现代园林延续了这个传统，如西湖苏堤上的黄石驳岸就是这种类型中的典型（图3-18）。

（3）石砌斜坡

石砌斜坡这种斜坡的设计方式是首先将水岸修整出坡度，再把岩石顺着斜坡铺满，整体形成虎皮的样式，这能很好地对斜坡和水岸进行保护，不管是水涨水落都能保证安然无恙。

(4) 阶梯状台地

阶梯状台地就是对原来的高岸进行修改，缩短堤岸和水体之间的距离，同时又不会因为水位上涨而产生漫延或是泛滥等后果（图3-19）。

(5) 挑沿式

岸下水体碧波荡漾，感觉绿地好像漂浮在水中一样，能营造出意境深远之感。

图3-19　阶梯状台地

3.3.4　建筑

在我国古典的造园历史中，应用到园林建设中的元素非常丰富，庭院、台榭、廊桥、画舫等在古典园林中比比皆是。在现代园林设计中，建筑风格更加多样化，添加进去的内容也更为丰富，如餐厅、博物馆、温室等。在设计和规划的过程中都要符合园林造景的具体风格，同时要满足其功能性，而且还要在实际的操作当中实现两者的平衡，这也是我国园林建筑不断探索的基础课题。

1. 特点

不管是什么性质的建筑，在前期设计时都要对其物质和精神两种功能进行考量，最终选用恰当的物质材料打造出理想的空间。所谓建筑空间，就是建筑理念和具体的工程手段、艺术特点融为一体的产物，在设计过程中要坚持经济适用、坚固耐用、美观大方等宗旨，在此基础上进行艺术化设计。不过具体的园林建筑不管在组织特点还是功能上都多少会有些出入，总的来说包含以下五个方面。

第一，功能要求。园林建筑的宗旨就是以较高的艺术水准满足人们的精神需要，为人们的业余生活增添色彩，这就对园林建设的艺术性和观赏性提出了很高的要求。

第二，灵活性。园林建筑内部会设置各种各样的休闲活动，同时还要考虑观赏性的实际要求，所以在具体设计环节就要具备充分的灵活性，这就需要在园林当中生发出形态各异的空间组合，这对园林建筑设计来说也是一个比较大的挑战。

第三，满足游客的观赏需求。园林建筑要以富于变化的景致来吸引游客的注意，让园中“一步一景”，使游客目不暇接，将园林的有限空间打造出无限变幻的视觉感受。所以，对园林空间的序列进行多样性组合，巧妙的设计观赏路线都是让园林脱颖而出的法宝。

第四，在园林设计中要注意对景色进行规划，只有优美的景色才能让游客流连忘返。在空间组织上，要对建筑的外部环境进行合理利用，实现建筑内外的合二为一，以此达到最佳的艺术效果。

第五，要把园林建筑的建造、园中景致的设置结合起来，共同打造出完美的视觉效果，做到园景统一，同时凸显出园中的独有特色，并加强空间艺术的多样性和立体感。

2. 功能

(1) 观景

在园林的诸多要素中，建筑物是非常重要的景观之一。其布局、朝向、开合方式、设计风格等都会让游客产生不同的视觉感受。所以，不管是建筑的空间排列次序，还是建筑内部雕梁画栋的细节处理，都能为园林打造出良好的“景框”。

（2）点景

园林空间中，不同的建筑物和周边的山水景致以及绿植等可以组合成不同的景观。通常情况下，建筑在所有景观中占据主体地位，否则就难以称之为景。在大多数的园林当中，标志性建筑就是园林的核心和关键点，所有的景观要素和园林风格都要围绕这个标志性建筑进行打造。

（3）划分空间

合理利用园林当中的各种建筑或是景观对空间区域进行划分，这可以提升园林资源的配置率，让园林当中的景观更加具有层次感。

（4）组织路线

在建筑物和景观之间修建道路，让道路从景观之间穿行而过，使游客产生“移步换景”的感觉，这会让动态景观的效果更加明显。

所以，从景观所具有的功能中，可以将园林建筑大致分为游览型、庭院型、交通型建筑等。

3.4 环境景观设计的基本原则

环境景观设计是一个系统工程，具有较强的复杂性，和平常的艺术创作有很大不同，不能过于受形体限制，要对形体背后的经济、政治、文化、艺术内涵进行广泛关注。环境景观设计就是为了给当地居民提供一个优美、方便、高效、卫生、安全、有特色的外部环境，在满足人们物质生活需要的同时提供精神上的满足。因此，针对环境景观的设计需要坚持四点原则。

3.4.1 多元性原则

环境景观设计会涉及当地居民生活的方方面面，具有很强的多元性特点，是集艺术、经济、文化、科学于一身的综合类学科。国际景观大师杰弗里·加里柯曾经提过，景观设计的艺术综合性最高，将景观规划、建筑思想和艺术理念完美融合到一起，也要和生态学、植物学、美学等学科发生密切联系。这就从本质上决定了环境景观设计在研究和考量方面的综合性与系统性，要对各个要素的属性和要素之间的相互关系进行深入系统的分析。

3.4.2 持续性原则

在环境景观当中，不管是自然景观还是人文景观都是处于不断变化发展中的，这要求环境景观在设计过程中要坚持以变化和发展的眼光进行分析和研究。要将景观环境当成历史发展到一定阶段的产物和未来发展的起点，对不同阶段的景观环境现象进行系统而科学的分析。

环境景观具有系统性、多样性和综合性等特点，这就要求在具体的设计和规划当中要坚持可持续发展的原则。不能被眼前的景象所限制，要考虑到未来变化和发展的情况，需要让设计具有一定的弹性。

环境景观设计的持续性原则还表现在要具有可持续发展的现实意义。环境景观设计和其他产品不同，如果设计的好可以供好几代人共同欣赏和使用。所以在设计时要非常谨慎，要把可持续发展的原则放在重要的位置进行考量。

3.4.3　区域性原则

环境景观的区域性有两方面表现：第一，自然条件，即当地的地形特点、地貌特征、气候情况等，这些要素都是环境景观得以形成的前提和基础，也是人类生产和生活的物质保证；第二，人文条件，即人们的审美取向、生活方式以及心理变化都会在很大程度上影响环境景观的地域特点。所以，在对环境景观特点进行分析时，要结合当地的地域特点和结构特征展开研究，分析要素之间的相互关系以及各自在地域中体现出的作用，并找出各个要素在变化发展中存在的制约关系。

3.4.4　人本性原则

在环境景观中，人占据主体地位，所有的环境空间和物质设施最终都是为人服务的，所以在环境景观设计当中要坚持人的主体地位，满足不同人群的多样化需求。

第一，环境景观设计要注意满足人的舒适性要求。随着人们生活水平的日益提升，人们的空闲时间逐渐增多，也就产生了很多实际需要，对舒适度提出了更高的要求，所以环境景观设计需要对舒适性进行重点考量。

第二，环境景观需要具有充分的可识别性。坚持以人为本、为人服务的环境景观，首先要能让人轻易识别出来。通常情况下，易识别的景观具有明显的层次感、标志性建筑、文化氛围和优美的环境。

第三，环境景观设计要具有可选择性。一个好的环境，都会为到此一游的人们提供多种选择，这也印证了环境空间的多样性特点。

第四，环境景观设计要具备一定程度的可参与性。在具体的规划设计当中要体现出可参与性，这可以让人们充分享受室外活动的权利。

第五，环境景观设计需要具备便捷性。外部空间需要满足人们的各种需要，也要为人们提供必要的便利，所以在设计的过程中要凸显出方便性。

案例点评

美国富兰克林纪念馆

美国费城附近的富兰克林纪念馆，由文丘里于1972年设计。他的作品没有拘泥于某种固定的风格，看似像后现代的建筑，可他本人从不承认。

在设计富兰克林纪念馆的时候，他将纪念馆主题建筑置于地下，地面上用白色的大理石，在红砖铺砌的地上标志处，用旧有故居的建筑轮廓、展示窗设计得也如几个雕塑一般，保护并展示着故居的基础，在空间感观察觉不到拥挤。通过以原有建筑的轮廓形式采用一种隐喻的手法来表达深刻内涵（图3-20、图3-21）。

图3-20　手绘局部效果图
（邓鼪　绘）

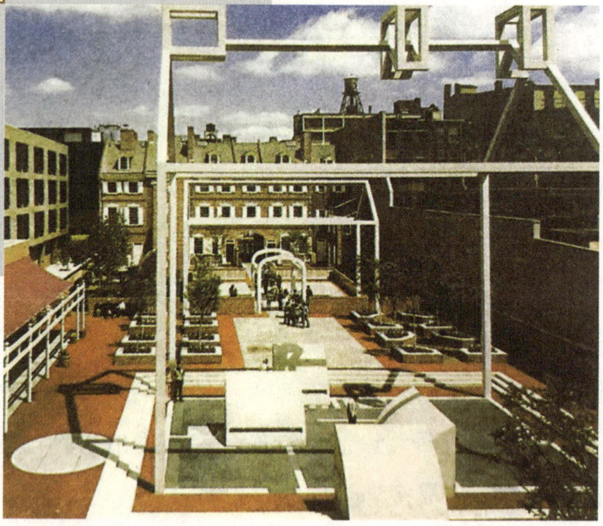

图3-21　隐喻的表达

拓展阅读

[1] 苏雪痕．植物造景[M]．北京：中国林业出版社，1994．
[2] 钱键，宋雷．建筑外环境设计[M]．上海：同济大学出版社，2001．
[3] 杨春平，汪珞，曾光明，等．环境规划中植物的景观功能及其应用[J]．城市环境与城市生态，1998．

4

第4章 环境景观设计的内容与流程

4.1 环境景观设计的内容

在我国的园林景观设计中，可以把设计体系分为建筑、城市规划和景观设计三个类型。其中建筑设计的主体对象是各种形式的建筑物；城市规划主要是对人们所居住的城市空间进行不同形式的改造，其中会涉及城市发展的规划和概念等；景观设计特指的是对城市的户外空间进行规划，如公园、经区、街道、广场、景点、庭院等。景观设计是空间设计体系中非常重要的一个部分，它能对建筑设计和城市规划进行补充和修饰。总的来说，它可以很大程度上改善人们的居住环境和生活质量。

景观设计的主要对象就是城市生活中的户外非建筑空间和外部环境，这是人们工作之余进行身心放松、社交、游玩的主要活动场所。户外空间一般都较为开阔，有大量绿植、山水等自然要素。所以，在进行景观设计时，要时刻保持生态环保的设计理念，也要将其打造成为人们娱乐休闲体系的重要组成部分。

4.2 环境景观设计的基本功能

4.2.1 使用功能

要对环境景观设计的总体布局、占地规模、景观设置、参观线路安排等进行合理规划，充分发挥空间的功能性。如果是对大型公园进行设计，就要考虑到不同人群的不同需要，如儿童游玩区、成年人散心和交流区、老年人文娱活动区等；体育公园则要以体育元素为主导，进行各种区域的设定和活动安排；在生态公园里，要特别注意铺装的材质，另外要注重群落植被的配置；如果是要设计广场，则首先要规划一个空间较为开阔，地势比较平坦的场地，这样可以容纳较多的人同时在此；度假区要将基地优势充分发挥出来，为游客呈现出独具特色、丰富多样的景观。如果度假区的规模较大，那么在住宿、餐饮、服务方面都要配套齐全。

在具体的设计和规划中，需要把使用者的感受和体验考虑在内，突出便捷性，同时，还要对心理学、社会学、人体工学等多种学科的知识进行灵活运用。例如，在公共活动区域，就要实行无障碍设计，台阶处要安装扶手、水边一定要装好围栏；儿童游乐区域要把不同儿童的身高情况考虑在内，同时要做好安全防护工作。再有，建筑中庭要保证游客可以方便快捷的通行。

4.2.2 生态功能

在通常情况下，景观设计都是以非建筑空间为实际规划对象，所以要对其生态环保功能予以充分的考虑。其中，植被的铺设和水体的规划是最为重要的两个要素，景观设计工作者要具备充足的专业知识，对植被和水体情况进行深入了解，运用植物配置、生态设计等方法，提升基地的环保价值，将生态功能更好地发挥出来。

4.2.3 文化保护功能

对城镇相关区域的景观进行合理设计，能对当地的历史文化起到保护的作用。通常，这类地块的历史较为悠久，其标志性历史建筑都不会保存得非常完好，稍有不慎就可能会被毁坏。而景观设计应该从大处着眼，从整个地块的整体布局出发，制定切实可行的保护规划，而不是仅对其中一个建筑进行保护。唯有坚持了整体设计观点，才能把当地历史文化价值更好地发挥出来。

4.3 环境景观设计的对象

外部环境等非建筑空间是景观设计的主体。从性质上可以将景观设计划分为：城市公园绿地、居住区绿地、林地、园地、防护绿地、废弃地、广场、街道、文物古迹、历史街区、体育场馆户外运动区、度假区、风景区、绿道、滨水区、建筑墙壁和屋顶等。

4.4 环境景观设计流程概述

4.4.1 项目资料收集

项目资料收集主要包括甲方人员情况、项目具体需求、背景材料及相关资料，然后把相关资料进行汇总并制定翔实的工作规划。

4.4.2　概念方案设计阶段

在对相关资料进行分析的基础上找准项目的具体定位和实施目标；明确设计的主题及具体理念，绘制出设计蓝图；使用PPT对设计方案进行详细说明，针对相关经济指标予以科学分析和核算。

4.4.3　方案设计阶段

如果是规模较大、投资较多的项目，第一步要做的就是对整个景观的用地情况进行合理规划，确保其具有充分的功能性。在这个阶段，在方案方面需要方案前期构思、对诸多方案进行分析和研究，找出其中的优缺点，如果可以的话把数个方案进行合并，在完善的基础上形成方案的初稿。在这个过程中，要根据功能的差别进行区域划分、综合基地条件和视觉效果将各个区域的平面位置明确出来，主要包括交通路线图、停车场安排、出入口位置确定等。方案设计阶段经常用到分析手法和图纸（功能分析图、平面图等）。

4.4.4　扩大初步方案设计阶段

当设计方案制定好之后，要和甲方进行细项的商讨并对方案进行分析和调整。当方案最终敲定以后，就要严格按照方案规定的要求进行细节的设计和落实，如景观的形状、规模、颜色和用料等。针对各个局部制定剖面图和立体图，如鸟瞰图、俯视图等。

4.4.5　施工图阶段

施工图阶段是将设计图纸付诸实践的阶段。施工图要以艺精确、经济合理的原则进行操作。在施工图上要能清晰地看到各项细节的要求，如施工内容的规模、所处位置、用料、类别、使用数量和材质等。同时需要制作的有施工平面图、绿植种植设计图、地形分析图等。

4.5 环境景观设计图纸及详细内容

以武汉某高校图书馆中庭及屋顶景观设计整套方案为例。

1. 设计说明如图4-1、图4-2所示。

一、项目概述

对新建图书馆中庭及屋顶进行景观设计，景观总面积约37000m²。

二、景观理念

1. 屋顶花园

利用原有地形和构筑，借用日本修身养性、宁静致远的禅宗文化，运用象征的手法，以“丘、湖、河堤、海”为主题，营造出小中见大的景观空间，代表禅宗道义的小丘、恬静、安详的湖，生命永驻、源远流长的河，界定着组群、平衡、运动和韵律的堤，泛起多彩的涟漪的池，磅礴大气汹涌澎湃的海，五大主题景点洋溢着自然与人文的气息。

设计木栈道成为园区的空中景观走廊，景观围绕它展开，流畅的枯水将人们引到各个节点，灌木、草坡、置石、砾石、石灯笼营造一种宁静的氛围，人们可以在这里放松心情、陶冶情操。

北侧入口处的空调架、排风口为了不妨碍排气的通畅，又要美观，我们采用了假竹林的设计，既满足了屋顶不能种大树的尴尬，又起到了美化构筑物的效果。

2. 内庭园

采用现代园林的手法，将内庭园分为“动”和“静”两个区域，“动”以水景为主景核心，造型如同书卷的景观廊架，喷水的鱼象征知识的源头，源源不断。水中种植水生植物，在不喷水的水池也有景观可赏。

中心建筑连廊处，不仅设连接通道，还设有相对开阔的休憩交流场所，休息椅、草坪、灌木及大树组合成公共的宜人休憩环境，考虑到夜景效果，在休息椅四周暗藏磨砂玻璃灯带，夜景也成为一道美景。

东侧为“静”区，以植物造景为主，林荫树阵，曲折的小径，疏林草地，景石、观赏树等元素组成了静谧的休憩观赏环境。

图4-1 设计说明（1）

三、绿化设计

在庭院内，植物配置注重于选景的考虑，并由此形成了欣赏与选择植物的一些标准，如树林要选“古、奇、雅”，花草则选“色、香、姿”配置的方法。当有孤植、丛植、群植及混植时，采取不整形、不对称的自然式布局。

根据以上原则，两侧的休闲景观绿地以植物造景为主。

植物选择有以下几种。

1. 乔木：香樟、广玉兰、白玉兰、银杏、榉树、樱花、马褂木、罗汉松、合欢、桂花、棕榈。

2. 灌木：红花继木、金叶女贞、春鹃、山茶、火棘、南天竹、洒金珊瑚、八角金盘、剑麻、黄杨、紫薇、柑橘、紫玉兰、海棠、腊梅、龟甲冬青、苏铁、芭蕉。

3.地被及草本：佛甲草、麦冬、马尼拉草。

四、夜景照明方案设计

点——多为装饰性照明，如建筑、植物的投光灯，地面上的地灯等。屋顶花园根据山水的风格选用石灯。一层内庭园为现代风格，宜采用现代材料的草坪灯、地灯等。

线——景观大道照明用的路灯、沿园路布置的草坪灯、庭园灯等。

屋顶花园暂不设路灯，根据枯山水的风格选用石灯。一层内庭园为现代风格，宜采用现代材料的草坪灯、地灯等。

图4-2 设计说明（2）

2. 屋顶花园平面图，如图4-3所示。

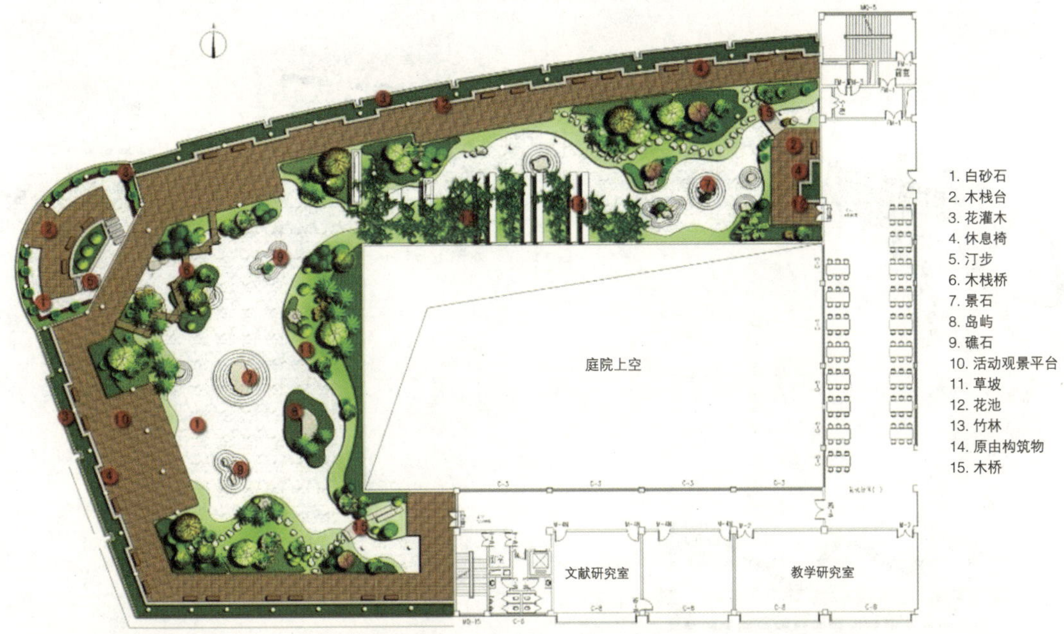

图4-3　屋顶花园平面图

3. 屋顶花园功能分区图，如图4-4所示。

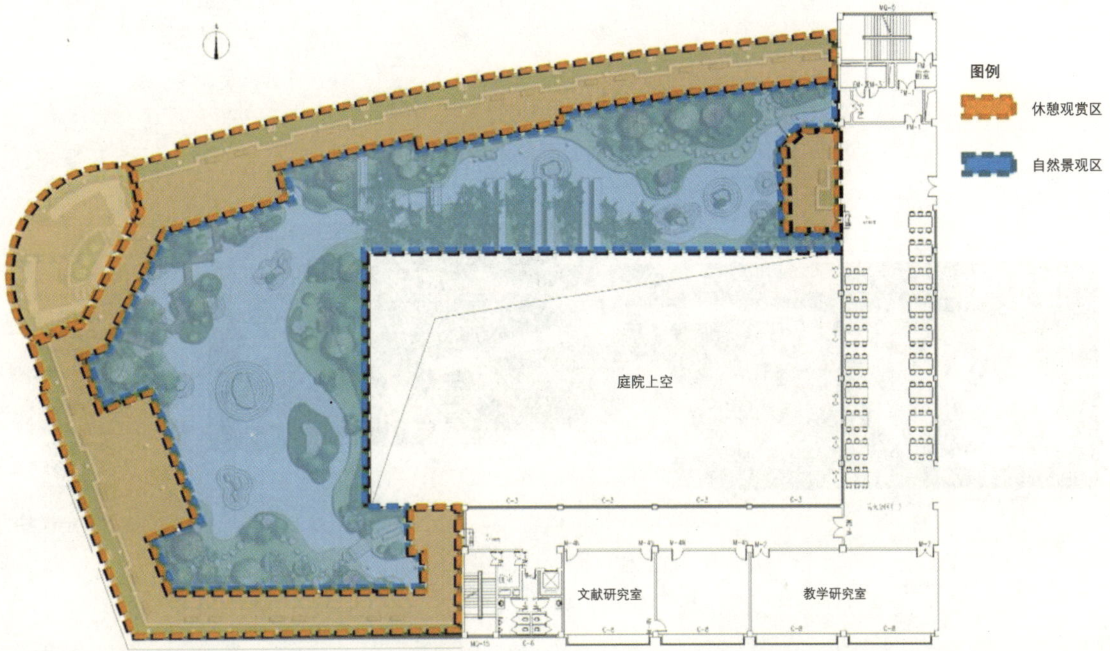

图4-4　屋顶花园功能分区图

4. 屋顶花园交通分析图，如图4-5所示。

图4-5　屋顶花园交通分析图

5. 天井平面图，如图4-6所示。

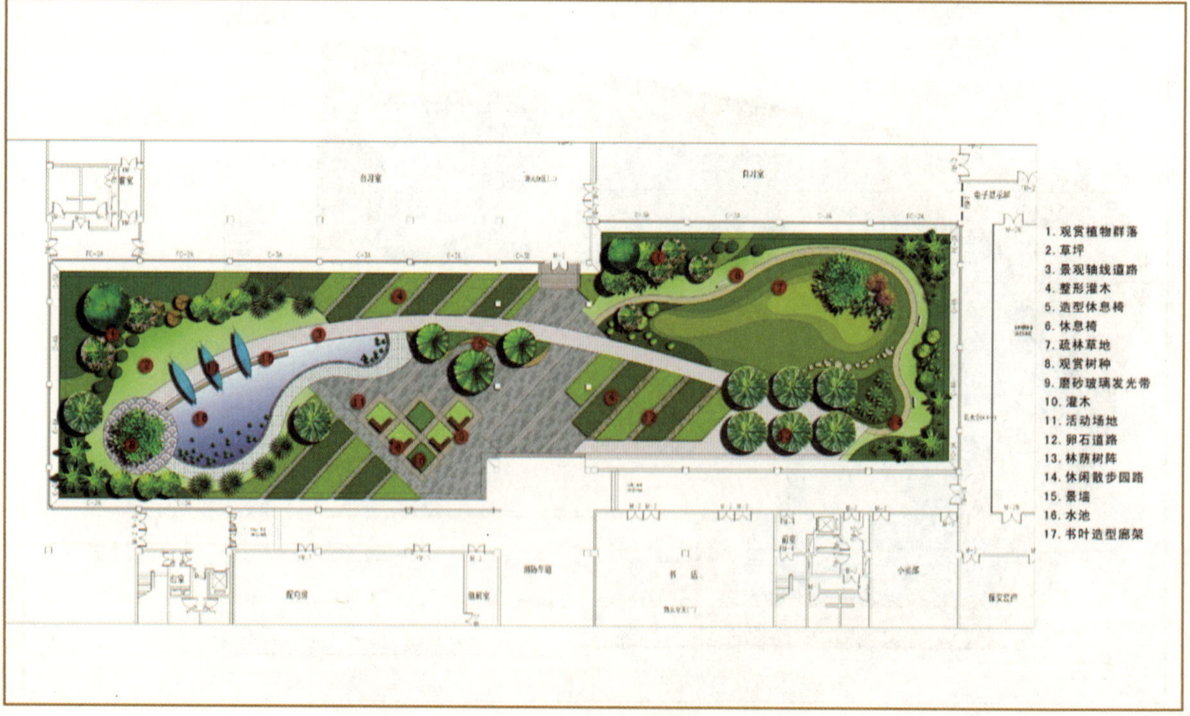

图4-6　天井平面图

6. 天井功能分区图，如图4-7所示。

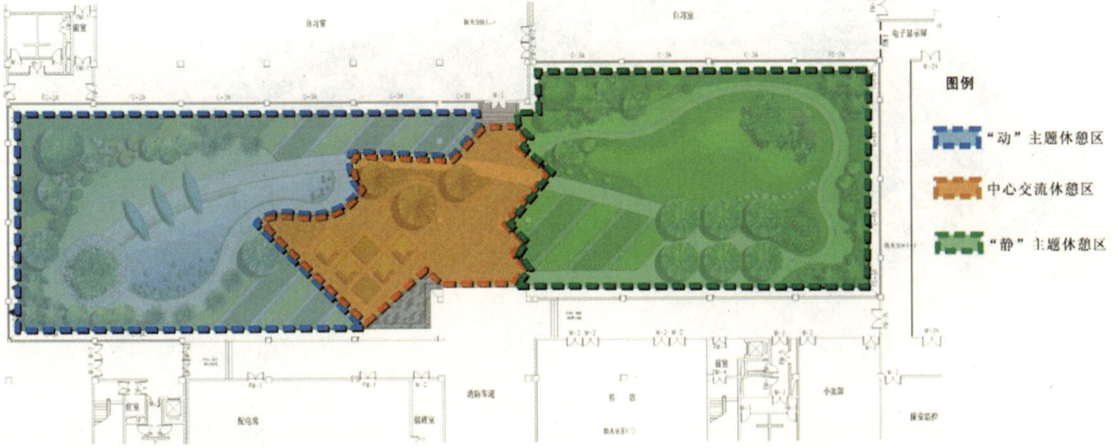

图4-7　天井功能分区图

7. 天井交通分析图，如图4-8所示。

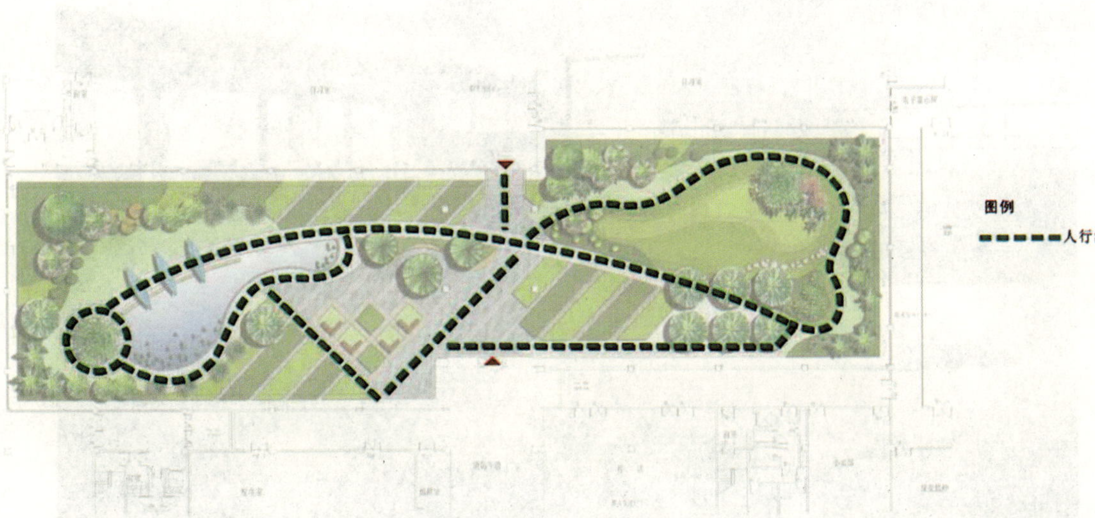

图4-8　天井交通分析图

8. 屋顶花园鸟瞰图，如图4-9所示。

图4-9　屋顶花园鸟瞰图

9. 屋顶花园枯山水人视图，如图4-10所示。

图4-10　屋顶花园枯山水人视图

10. 屋顶花园局部鸟瞰图，如图4-11所示。

图4-11　屋顶花园局部鸟瞰图

11. 天井鸟瞰图，如图4-12所示。

图4-12　天井鸟瞰图

12. 天井人视图，如图4-13所示。

图4-13　天井人视图

13. 屋顶花园景观示意图，如图4-14所示。

图4-14　屋顶花园景观示意图

14. 天井景观示意图，如图4-15所示。

图4-15　天井景观示意图

15. 设施示意图，如图4-16所示。

图4-16　设施示意图

16. 植物示意图，如图4-17至图4-19所示。

图4-17　植物示意图（1）

图4-18　植物示意图（2）

图4-19　植物示意图（3）

17. 估算表见表4-1、表4-2所列。

表4-1　屋顶花园估算表

编　号	名　称	单　位	数　量	单　价（元）	金　额（元）
1	铺装（木栈台）	m^2	544	150	81600
2	白砂	m^2	578	200	115600
3	花池	m^2	40	200	8000
4	绿化	m^2	801	70	56070
5	石化笼	个	3	1000	3000
6	木桥	座	3	10000	30000
7	置石	项	1	10000	10000
8	垃圾桶	个	5	180	900
9	休息椅	套	26	800	20800
10	花坪灯	盏	10	300	3000
11	配电控制系统	项	1	5000	5000
12	电缆敷设	项	1	5000	5000
13	屋顶防水	项	1	300000	300000
合计					638970

注：工程名称为武汉科技大学中南分校校园环境设计——屋顶花园（总面积：2016m^2）

表4-2 天井估算表

编 号	名 称	单 位	数 量	单 价（元）	金 额（元）
1	铺装	m^2	720	200	14400
2	磨砂玻璃	m^2	26	200	5200
3	水体	m^2	91	200	18200
4	绿化	m^2	964	70	67480
5	廊架	座	1	50000	50000
6	景墙	座	1	5000	5000
7	汀步	项	1	5000	5000
8	垃圾桶	个	5	180	900
9	休息椅	套	8	800	6400
10	庭院灯	盏	10	2500	25000
11	草坪灯	盏	15	300	4500
12	配电控制系统	项	1	8000	8000
13	电缆敷设	项	1	8000	8000
14	喷灌系统	项	1	8000	8000
合计					355680

注：工程名称为武汉科技大学中南分校校园环境设计——天井（总面积：1700m^2）

案例点评

中央公园

美国第一个景观公园——中央公园，由杰出的景观设计师Frederick Law Olmsted和Calvert Vaux设计。他们简单的设计以及艺术远见吸引了大量的纽约城市居民来此休闲。这个景观不仅是美国第一个景观花园，也把纽约建设成了一个享誉世界的城市。中央公园是美国标志性的公园之一（图4-20）。

图4-20 美国中央公园

拓展阅读

[1] 刘滨谊．现代景观规划设计[M]．南京：东南大学出版社，2005．

[2] 谢亮，苏媛媛．景观设计[M]．石家庄：河北美术出版社，2014．

[3] 王国彬，刘贯，石大伟．景观设计[M]．北京：中国青年出版社，2009．

[4] 许浩．景观设计：从构思到过程[M]．北京：中国电力出版社，2011．

5

第5章　各类型环境景观设计

5.1　城市道路环境景观设计

在整个城市景观环境当中，城市道路景观设计主要是以线性要素来呈现的。不同道路之间或垂直或平行或相交，交错纵横之中组成了网状系统，把城市的各个角落都连接起来，不过每一条道路有着自己的环境景观，也是由不同的要素构成的。

5.1.1　城市道路环境景观设计特征

1. 系统性

城市道路环境景观的系统性主要体现在两个方面：第一，城市道路环境工程在建设过程中会涉及很多单位，如前期规划单位、设计单位、具体施工单位、工程监理单位等，从立项开始直到竣工验收，这些单位都要通力合作，保证项目的每个环节都万无一失，在合作中需要互相交流，对遇到的问题共同研究和探讨，最终保证项目顺利完成；第二，城市道路环境所涵盖的要素较为广泛和多样，这就需要对整个工程系统进行系统考量和有目的性的设计。不管是水景布置、建筑设计、绿植种植还是公共设施建设都涵盖在内。

2. 秩序性

城市道路环境景观设计的秩序性主要表现在对功能性的服从上。第一，城市道路环境景观要遵循道路的线性要素，坚持流畅性的原则，维护线性之间的关系设置，不能出现遮挡和阻塞等情况；第二，在层次选择上要坚持明显的表现形式，不同的景观构成要素之间要布局合理、错落有致，维持起码的秩序性。

3. 观赏性

城市道路环境能较为直接地体现出一个城市的风貌和特点，可以代表城市的形象。因此，对现代城市道路进行环境景观设计需要融入当地的文化特点，这在增加亲近感之余能提升城市人民的向心力。环境景观也可以对艺术创作进行呈现，城市道路环境通常会设置主题形象、绿植或是娱乐设施等，以增加城市艺术性和欣赏性。

5.1.2 城市道路环境景观设计的基本原则

1. 人性化原则

城市环境的服务对象就是人，对城市道路进行景观设计也是为了更好地服务于当地居民。因此，不同居民的喜好、行为和性格特点都会对空间设计和要素的选择产生极为重要的影响。对道路环境景观进行设计和建设需要坚持人性化原则。

道路环境中不管是人流还是车流都是动态变化的，因为使用者所选用的交通手段和出行目的不同，随之产生的视觉效果和行动特点也差异很大。例如，步行散心的人和挤公交车上班的人所关注的重点必然不同，所以要对不同人群的心理特点进行充分考虑，还要考虑特殊人群，如残疾人的特殊需求。从受众的角度和实际需要出发，对道路的宽度、公共设施的设置、绿植的种植要进行反复考量。

2. 可持续原则

这一原则的重点在于立足环境和社会发展的长远目标，不因为短期经济效益或是局部利益所吸引，而对环境造成严重破坏。道路环境景观所体现的作用包含生态和社会两个范畴，需要进行长期的整体规划。

随着城市化的不断推进，人们对城市道路的要求也越来越高，早期的城市道路不管是质量还是规模都已经不能满足人们的实际需要，这就需要从长远角度出发，对道路景观进行规划和设计，把未来道路空间的拓展性也考虑在内，让道路的使用寿命尽可能地延长。把自然、生态、经济、社会的发展放到同等重要的位置上，尽可能控制道路景观设计对生态环境的不良影响，加强环境保护和生态建设，把可再生资源应用到建设发展当中。

3. 整体性原则

道路环境景观设计的整体性包含两方面内容：一是道路景观建设要和城市建设的整体角度相吻合；二是具体的设计要符合城市历史、文化、经济发展情况，同时又能体现出城市独特的魅力。

4. 文化性原则

道路环境景观建设要注意凸显审美功能，以形态各异的造型、精心的选材、恰到好处的肌理来展示城市的风采，满足城市居民在审美方面的需求，也要体现出城市所具有的文化内涵。在道路环境景观建设过程中要不断挖掘城市中蕴含的文化底蕴，将当地的民生百态、人文情怀、自然风貌都融合在文化形象当中，展示出与众不同的设计风格，呈现在世人面前。

5.1.3 城市各类道路环境景观设计

1. 车行道路环境景观

在城市中，快速道路一般指的是高架桥和立交桥的组合，快速道路通常是因为城市用地紧张而特别设置，也和普通意义上的道路环境景观设计有很大的不同。

(1) 道路要素

快速道路的优点在于可以缓解道路压力，方便车辆迅速通行，防止因为人流、车流过于集中而出现交通堵塞；能有效实现人车分流，保证广大居民的出行安全。快速道路在后期修建，从景观上看可能会给周围环境或是城市的本来面貌带来一定的影响，在设计的过程中要重点研究其高度、宽度和相关尺寸，防止对城市原有的景观造成遮挡或是割裂，要注意不要让快速道路的设计和建设影响了原有建筑的立面比例、造型、采光和通风，这也对快速道路的建设提出了很高的要求，如果有需要的话，要尽可能地把道路和建筑之间的高度差距拉大。

(2) 建筑要素

对快速道路环境景观进行设计的一个需要重视的要素就是建筑物。在设计的过程中，要保持快速道路景观和周边建筑形式之间的统一性，因此设计理念需要包含两方面含义：第一，因为快速运动的人在移动过程中视线会经常停留在建筑上部，所以在视觉色彩要上特别留意；第二，慢速运动的人往往会把视线投放到建筑下部，所以在这个位置要以常规尺度加以设计。要保证两个要素互相融合，否则会破坏设计的完美性和统一性。

在一般情况下，快速道路是一条直线，不会有太多的交叉口，所以在设计上相对单一，街景难免让人感到乏味。所以，就对地标设计提出了较高的要求，尤其是间隔式地标，可以让行人有种眼前一亮的感觉，也能让道路景观更加生动。

(3) 设施要素

在快速道路景观的设计过程中，设施也是非常重要的一个环节，快速道路设施主要包括照明设施、信息显示牌、标志广告牌、护栏、隔音板、减速板等。在设施设计的过程中，不能拘泥于道路功能的辅助和补充，而要在视觉效果上下功夫，对快速道路进行美化和修饰。同时也不能因此而对景观产生不良影响。

在快速道路立交桥附近以及匝道周边会遗留部分区域，也就是人们常说的“散落空间”，这些位置也不能忽视，需要在快速道路设计过程中予以重视。如果把这部分空间利用好，能为快速道路的绿化设计带来很好的辅助功能。例如，可以把乔木和绿化铺就的集合图形搭配起来，也可以让灌木和快速道路的直线性相互交织，这样能形成错落有致的景观。要特别注意的是，散落空间的景观设计不仅只是为了凸显视觉效果，也要考虑其实用性，要成为人们小憩时的首选场所。

2. 人车混杂型道路环境景观

从功能上，可以把人车混杂的道路分为交通性道路和生活性道路两种类型。

(1) 道路要素

交通性道路的主要功能是为城市中的人流和物流提供运输服务，其显著特点是流通量大，所以道路一般都比较宽。在景观特征方面更为注重安全性、可识别性和管理性。另外，交通性道路会有人的参与，所以方便性也很重要，如公交车站等。对以交通性为主的人车混杂道路来说，最为关键的就是要具有充分的安全性，把机动车道和人行车道分离开来。因为通行速度的缘故，此类道路多为直线，所以在线型上不会有很大的特色。在景观设计方面通常是通过道路空间、尺寸来体现，设置好道路宽度和周边建筑的比例，以提升总体视觉效果。

生活性道路上会汇集很多车种，车行速度一般不会很快，人流较多。可以将这类道路细分为居住区街道、商用街道和行政办公街道，在景致设计上会更多地考虑其复杂性。城市生活性道路主要是围绕城市生活而修建的，具有较强的场所感。在街道空间的设计方面要能满足实际生活的需要，结合不同街道的不同功能，对街道空间进行多样化设计，如沿街位置可以采用转折和弯曲等方式来丰富街道空间的景观。

（2）建筑要素

交通性道路在建筑设计方面既要考虑车的尺度又要考虑自行车和步行的尺度。就车行来说，要注重周边建筑轮廓线的影响效果，还要以多彩的颜色增强可识别性；就人行角度来说，因为速度不快，人流又大，会对建筑物进行长时间的观察，所以建筑物的立面需要多加修饰和设计。

生活性道路会更多地考虑建筑的历史性和文化内涵，所以在临街的底层部位会考量较多。设施小品的设计方面在兼顾功能性的同时要保证使用者方便，在具体造型上要和周边环境相协调，要体现文化内涵。广告的设计不能太过显眼，否则会破坏建筑立面的整体风格，艺术品的设置要注意色彩和体量的搭配，以营造亲近感为主。

（3）设施要素

交通性道路所设置的人行道通常有比较宽的尺度，所以可沿人行道种植一些草坪、行道树和花草等，树木的间距以不遮挡行人和行车的视线为主，可以搭配多种花草树木品种，让一年四季都有景可赏。

（4）绿植要素

生活性道路上的行人和车辆都较多，所以不能过大面积的铺设草坪，可栽种行道树，设计一些花坛等。需要注意的是，要在绿化中添加灯光，否则在夜晚会使绿化模糊一片，而造成识别不清。

3. 步行道路环境景观

（1）道路要素

步行道路可以给城市带来很多便利，其景观特性有安全性、方便性、舒适性、可识别性、可适应性、可观赏性、亲切性、公平性、可读性、可管理性等。

在景观设计方面还充分考虑了人性化、亲近性以及趣味化的特点，兼顾了自然、文化等各方面的需求。后面会以商业步行街为例，对景观设计进行重点介绍。

（2）铺装要素

在铺装选材方面要根据不同地区的特点有针对性地选择。比如，南方气温较高，经常下雨，所以应该选择吸水性好、表面较为粗糙的材料，这样即便是下雨也不会让行人脚底打滑；北方温度较低，应该选择防冻性能较好，不容易损坏的材料。铺装材料在材质和颜色上都要和商业街的总体风格相呼应。

（3）设施要素

步行道的设置要充分考虑不同人群的不同需要，如停车场、自行车停车位、电话亭、自动提款机、垃圾桶、道路指示牌、导游图、座凳等，此类设施在设计上要以简便操作为主，力求尺度合理、布局完善、使用起来没有障碍。尤其要注意的是，很多城市的商业街都具有悠久的历史，所以在设计方面要尽量体现人文气息。

（4）小品要素

小品在设计方面可以选用城市发展历史、文化典故等题材，这样能让城市的文化色彩更加浓郁，也让人们在购物和休闲的同时受到文化的浸染。小品在尺度上要保持亲近性，让观者身心愉快。

（5）绿植要素

步行街的商业性较为浓重，为了更好地体现其繁荣性，在沿街绿植上，应该选择密度和高矮适中的树木，不能遮挡周边的建筑和行人的视线。在休息区和小广场附近可以种植部分枝叶繁茂的树木，尤其是夏季，可以为行人遮阴。

案例点评

美国旧金山九曲花街

美国旧金山九曲花街是世界上最弯曲的街道。当初在19世纪20年代的时候，是为了使繁忙的交通有所“喘息”而设计建造的，如今却成为旧金山最吸引人的一条街（图5-1、图5-2）。

美国旧金山九曲花街之所以能在美国大名鼎鼎，应归功于那盘桓九曲的陡峭山路以及花艳草碧的匠心设计。

美国旧金山九曲花街其实很长，是在Hyde街与Leavenworth街之间的一个很短的街区，却有八个急转弯，因为有40度的斜坡，且弯曲像“Z”字形，所以车子只能往下单行。街道上遍植花木，春天的绿球、夏天的玫瑰和秋天的菊花，把它点缀的花团锦簇。在九曲花街高处还可远眺海湾大桥和科伊特塔，如不开车，可顺着九曲花街两旁的人行步道，欣赏美丽景色。

图5-1　旧金山九曲花街（1）

图5-2　旧金山九曲花街（2）

5.2　广场环境景观设计

5.2.1　广场环境景观的概念

在社会学研究的范围内，广场指的是城市中的公共区域和空间。城市中的地标性建筑或相对重要的设施都会修建在广场周围，从这里可以看出，广场的位置和空间区域关联很大。

世界上最早的广场可以追溯到古希腊时期，因为政治原因，人们倾向于在室外进行各种形式的交流活动，广场也是借此契机而产生的。

5.2.2　广场环境景观的类型

1. 集会广场

集会广场是指用于政治、文化、宗教集会、庆典、游行、检阅、礼仪以及传统民间节日活动的广场，主要分为市政广场和宗教广场两种类型。

（1）市政广场

市政广场，通常情况下就是广大市民参与城市管理的场所。市政广场通常都修建在城市的政治中心地带，可以作为城市的地标性建筑。市政广场一般都修建的较为庄严，这不仅能提升政府的威望，也能让市民具有更强的归属感和自豪感。市政广场具有很强的形象性，由此产生的影响超过了任何要素的作用。所以，对市政广场的修建还有周边环境的设计一定要凸显庄严性和宏伟性。对规模进行规划时，要考虑群众集会、节日庆祝、游行、检阅需要的用地范围。市政广场通常都很大，在比例上以2∶1、3∶2、4∶3为主。周边建筑在修建时要注意布局对称、轴线清晰。不能在此设立大型娱乐场所和相关设备。市政广场的主体建筑要是广场空间序列的对景。再有，市政广场的交通线路也要进行合理规划，在坚持人车分流的同时要保证人流和车流能安全、快速的通行。世界上知名的市政广场包括我国的天安门广场以及俄罗斯的莫斯科红场（图5-3、图5-4）。

图5-3　天安门广场

图5-4　莫斯科红场

（2）宗教广场

宗教广场，顾名思义就是专门为进行宗教活动而设立的广场。这也是早期广场的主要类型之一，一般都修建在寺庙或是教堂的前方位置。在设计风格上，很多广场都带有尖塔、台阶，这样在进行宗教礼仪活动时会比较方便。在历史上，很多宗教广场已经实现了和商业广场的统一；在现代，宗教广场也可以被用于市政、纪念或是休闲等用途，承担了部分市政功能和休闲作用。这样的融合一般都出现在宗教活动较为发达的城市，如圣彼得广场（梵蒂冈）、卡比多广场（意大利）等（图5-5）。

图5-5　意大利卡比多广场

2. 纪念广场

纪念广场通常是为了专门缅怀某个历史事件或是人物而修建的广场，人们可以到此进行纪念活动。在广场的设计中会将一个主题凸显出来，所有的创造都围绕主题展开。纪念广场的主要特点就是主体建筑物非常明显，且庄严肃穆，让人心生敬佩。其构成要素主要包括纪念碑、雕塑等。纪念广场的主体建筑物或是标志物会位于设计的中心位置，前厅和周边区域一般会进行园林设计，供参观者瞻仰、凭吊和纪念。较为著名的纪念广场有武昌首义广场（图5-6）、南昌八一广场等。

图5-6　武昌首义广场

3. **商业广场**

随着经济活动的繁荣和商业的发展，人们需要更为舒适和便捷的购物环境，在这样的需求之下，商业广场应运而生，其诞生能让街道活动更具生机活力，也能满足人们的购物休闲需求。商业广场一般都修建于城市的中心繁华地带，里面设有商场、饭店以及各种各样的娱乐设施，在功能上也非常齐全，集购物、休闲、饮食、社交于一体，可以充分体现出城市的文化特色。在很多大城市的商业区，商业广场都能吸引大量的人流，是现代都市非常推崇的一种广场形式。

在具体设计上，商业广场一般都是和商业街保持风格上一致，内外空间相互补充，实现服务和娱乐设施的完善和齐全；在座椅、雕塑、绿化、喷泉、铺装、灯具等建筑小品的尺度和内容上，更重于商业化、生活化、人性化考虑，彰显人情味。例如，武汉汉街万达广场（图5-7）、凯德广场等是新兴的时尚潮流中心，周边居民随时随地都可以感受到休闲娱乐一条龙的服务。

图5-7　武汉汉街万达广场

4. **休闲广场**

休闲广场主要是为人们提供休闲、赏玩、娱乐等各种活动的场所，人们在此可以得到身心的放松。休闲广场不仅能为人们提供健身、交流、娱乐、休闲的空间，还能体现出一个城市独有的文化特色和风貌。

现阶段，休闲广场在规模上没有严格的限制，表现形式也是丰富多样的，布局非常灵活又有特点，在分布范围上较为广泛。在现代都市里，非常受到广大市民的推崇和喜爱。在我国，比较有名的休闲广场包括上海人民广场等。在世界上首屈一指的休闲广场有日本横滨山下公园广场、美国新奥尔良意大利广场（图5-8）等。

5. **交通广场**

和以上类型的广场相比，交通广场属于特定类的广场。一般是由数条街道围合而成，也可以位于主要交通建筑物前方的广场。交通广场修建的主要目的就是发挥交通枢纽的作用，供集散、联系所用。从

图5-8　美国新奥尔良意大利广场

功能上可以把交通广场分为道路交通广场和交通集散广场两种类型。

交通广场在设计过程中要凸显出功能性。通常情况下，交通广场都是位于交通较为便利的地方，因此在具体设计过程中，除了满足组织交通需求之外，还可以发挥装饰街景的功能，当作街心公园使用。比如在绿植设计方面，首先要遵循交通安全的宗旨，不能种植高大的树木，防止遮挡司机的视线，因此可以多种植低矮的植物，将中心岛点缀起来。在具体种类上可以选用针叶林、低矮灌木或是花草等，要经常修剪，保证中心岛的景观效果。就算是在冬天也能达到装点环境的目的。如果有条件的话还可以设置喷泉或是雕塑。一般情况下交通广场是不得入内的，所以可达性不在考虑的范围之内。

（1）道路交通广场

道路交通广场通常都是环形交叉口或是桥头广场。广场设在数条交通干线的交叉口处，用于疏导来往车辆和人流，如大型的环形岛、立体交叉广场和桥头广场等。此类交通广场都会设有精美的绿化景观，或是修建了专门的建筑物或是雕塑，这样可以和城市街景相呼应，达到美化城市环境以及丰富城市景观的作用，不过公共活动一般不在此举行。较为知名的交通广场有广州的海珠广场等（图5-9）。

（2）交通集散广场

交通集散广场主要指的就是汽车站、火车站、机场、码头等交通枢纽前商场等大型建筑前面的广场。在功能上，交通集散广场主要是疏散人流和车流，让广场上交通畅通，实现人车分流。在这类广场上通常不会配备大量的绿植，否则会影响车流和人流的活动，所以通常广场大而宽阔。较为著名的交通集散广场有柏林中央火车站前广场（图5-10）。

图5-9　广州海珠广场

图5-10　柏林中央火车站前广场

5.2.3 广场环境景观构成要素

在园林规划中，广场是非常重要的一个部分，可以成为城市居民休息、健身、交流的场所。随着城市的不断繁荣，城市广场的建设也更加完善，组成广场的元素逐渐增多。一般来说，构成广场的景观要素主要包含动态、静态、造型和空间四个要素。

1. 动态要素

所谓动态要素指的是广场上的人、车以及所有能移动的设施。

2. 静态要素

静态要素主要指广场原本的地貌特点、绿植、水等自然元素以及各种建筑、雕塑、喷泉、公共设施等。

3. 造型要素

造型要素指的是景观要素的形状、规模、颜色、质地等。

4. 空间要素

空间要素是广场景观空间构成的一部分，包括基本概念性的要素和环境景观中设计语汇的视觉要素。从基本概念性的点、线、面、体，在三度空间中演变成形状、规模、色彩、质感等特性的形式。

5.2.4 广场环境景观的设计原则

1. 以人为本

一般情况下，衡量一个聚居区是不是设置得当，主要是考量其公共区域以及城市肌理是不是满足当地人们的日常生活需要，是不是和居民的生活轨迹、活动空间相吻合。人们通常会提到“适宜”一词，所谓适宜就是方便好用，使用起来顺心顺手，符合心意。城市广场的使用要坚持“以人为本”的原则，体现对人的充分关怀。古典风格的广场是不会设置绿地的，都是以硬地或是建筑物来代替；在现代广场的设计中，会大规模的使用绿地，通过各种设置配置，实现广场的“可达性”和“可留性”，凸显广场这个公众中心的主体地位。现代广场在设计中会更为人性化，会从人们的实际需求出发。

（1）在城市广场当中要设置充足的铺装硬地供游人们娱乐活动所用，绿化地的面积要超过广场总面积的1／4，这样才能更好的为游人遮阳挡雨，也能让景观更加赏心悦目。

（2）广场中需有坐凳、饮水器、公厕、电话亭、小售货亭等服务设施，还要添加诸如雕塑、喷泉等设施，这能平添广场的文化气息和艺术内涵。只有广场设计精当、布局新颖、环境宜人、功能齐全，才能满足城市居民在艺术赏鉴、生活休闲、健身娱乐等各方面的需求。

（3）广场的交通路线要遵循城市的设计规划，和周边道路交通相衔接，保证人车顺利通行。除了交通广场之外，别的广场不允许机动车辆通行。

（4）广场上不管是自然元素还是人工景观都是为人服务的，所以要按照人的实际需求来设置。比如，美丽的喷泉、精心的绿化等，都是希望到此的游人能舒心畅快、身心放松。

2. 地方特色

城市广场的地方特点有社会特色和自然特色两方面的含义。

（1）城市广场需要凸显当地的社会特色，也就是人文气息和历史风貌。一个城市要修建城市广场就要展现当地的历史文化，突出当地的艺术风格，挖掘城市的文化特点，防止出现城市面貌雷同的现象，这样既可以推动当地旅游行业的发展，也能增强城市的向心力和凝聚力。比如，济南的泉城广场，其蕴含的就是齐鲁文化的精华，体现出泉城独有的特点。再比如，西安的钟鼓楼广场，就很好的连续了历史的文脉，广场把钟楼和鼓楼连接起来，彰显出钟鼓楼的历史使命，这样的广场设计别具一格，地方特色非常明显。

(2) 城市广场的修建也不能忽视当地的自然特色，也就是说要顺应地势、地貌和气候特点。城市广场需要注重地理特征，以具有浓郁地方特色的建筑方式和材料进行修建，展现当地的山水景色，也要适应气候的变化。比如，北方广场会格外强调太阳照射，而南方的广场会注重遮阳效果。很多专家对南方的“大树广场”分外推崇就是这个原因。

3. 效益并重

城市广场的功能具有综合性和多样性等特点，现代城市广场会利用城市空间对环境问题进行处理。所以在具体的规划和设计方面不仅要具有创新思维和想法，还要实现经济、社会、环境的协调发展，坚持“以人为本、环境优先”的宗旨和原则。

(1) 城市广场是非常有价值的开放空间。在一个城市当中，广场是众多建筑的中心和枢纽，居民们会聚集到此进行休闲娱乐活动，广场在某种意义上就是居民的“起居室”。而对外来游客来说，城市广场就充当了“客厅”的作用。城市广场作为一个开放性空间具有很强的艺术魅力，也能体现出城市的文化特点。针对如此有价值、有现实意义的开放空间，城市应该注重对广场的开发和建设。

(2) 城市广场建设具有系统性和综合性，涉及空间状况、环境设施、园林布局、道路交通等各个环节。在实施城市广场规划时要保证经济、社会、环境效益的协调统一，兼顾眼前利益和长远利益，保证局部发展和整体发展的统一性，不能有失偏颇。如果只注重一个方面，必然导致满盘皆输。比如，某个地区修建火车站广场，在规划时考虑不到位，最终广场落成后，交通经常发生阻塞、废水排不出去，晴天一身灰、雨天一身水，周边环境污染严重，当地居民苦不堪言，游客也不愿前来观光，这对城市形象造成了极大的破坏。

(3) 在城市广场的规划建设过程中要注意几个错误不能犯：一是把土地当成城市道路和广场建设的回报；二是对广场的规模不加限制；三是过于听从开发商的话。开发商的本质是商人，商人是以追逐利益为根本宗旨的，他们看重的是拆迁、建设、买卖门市房的巨额利润；而政府需要从民生角度考虑，不断增加绿地范围，修建广场，改善城市的人居环境。

4. 主题突出

城市广场不管规模大小，都要对其功能和主题进行明确。主题突出，可以提纲挈领。有了主要功能，广场后续的设计和规划就有据可依、有理可循，唯有如此才能形成城市广场独有的特点和强大的吸引力。不管是交通广场、商业类型广场，还是具有纪念意义、群众性的广场，都要有属于自己的主题和定位。城市广场规划的三个显著功能是提升城市形象、满足不同人群的多样化需求、改善城市自然生态和空间环境。还要体现出当下的时代特征，所以要对城市广场进行科学合理的布局。

城市广场在规划和设计过程中要发挥创造性思维，凸显主体特点。第一，对城市广场的规模和形式进行合理设计，打造出含义丰富的空间意向。在具体规模设计中，要遵循省市级规划标准，不能盲目求大，而应该以分散的方式进行设置，最终获得较为均匀的城市公共空间。第二，建筑的配置要科学合理，发挥广场的实际功能。第三，保证交通畅通，完善公共设施，协调好广场内外的各项配置和交通情况，尤其要注意交通时间和空间距离长短，这样能更为贴心地为市民服务。要关注城市广场的欣赏性，同时也不忽视其实用性和功能性。

案例点评

荷兰鹿特丹水广场方案

一直以来，很多城市的雨水处理系统不仅建设工程庞大，而且还需花费巨额资金，特别是在降水量较多的城市，有关部门不得不在城市地底铺满各种管道及水池，以便确保暴雨来临之时能够得到疏导。有两位创意人士弗洛里恩·波尔（Florian Boer）和马可·弗穆伦（Marco Vermeulen）为荷兰鹿特丹设计了一套独特的暴雨处置方案——Waterpleinen，也可称为水广场方案（Water Squares）。这套方案能够将暴雨雨水转换成城中景观。

根据创意，鹿特丹市在暴雨时节降下的雨水不必疏导至地下排水系统，而是可以转而将其引导至事先建造的水池当中。通过水池内的雨水过滤系统，水池不仅可以作为蓄水处来使用，而且其所在的广场可以作为人们聚会、玩耍、运动的场所。同时，现存的排水系统并不会因此而负担沉重，避免了现在这种污水直接流入到护城河和运河里的现象（图5-11）。

在一年的大多数时候，水广场都处于干燥的状态，只是在有大雨的季节，水广场才会被注满水。这时，小溪、细流和池塘都会出现。孩子们可以在水里或水周围玩耍，在冬天，他们甚至可以在这里溜冰。流入水池中的雨水都已经过过滤处理，因此不会对游客的身体造成损害。此外，鹿特丹虽然经常降雨，但每次雨量都不足以将水广场中的水池给蓄满，因此水池内的水一直能够得到补充和更新（图5-12、图5-13）。

图5-11　雨水天气时的广场

图5-12　干燥状态时的广场

图5-13　平面布局及鸟瞰

5.3 居住区环境景观设计

城市的诞生和发展是人类居住环境不断改善和演变的结果，也是人类主观改造居住环境的实践过程。在漫长的岁月中，人们逐渐意识到可以通过各种活动对自己所居住的环境进行改善，尤其是近百年来，人们不断从实践中总结经验，让居住环境更加舒适，更能满足生活、工作、娱乐等各方面的需要。

居住区环境景观设计的主要参与者有开发商、景观设计师以及全体业主。居住环境的质量能体现出开发商的总体水准和价值定位能力。开发商将开发好的住宅环境景观当成“卖点”，为楼盘的销售摇旗呐喊，更有甚者，在开盘之前就已经设计好看房路线和景观，让潜在消费者提前动心。由此可见，居住区环境景观的品质好坏已经在很大程度上影响了买卖房屋。

5.3.1 居住区环境景观基本组成

1. 绿地

（1）区级公共绿地

此类绿地是为居住区的全体业主服务的，具有很强的综合性，总体规模通常在1公顷以上，半径为1000米。区级公共绿地设有功能场地，可以满足不同人群的多样化需求。如果没有预设地下室，则绿化配置的规格就会相对较高。不过要特别注意的是，在居民活动区不能种植带刺植物或是发出有毒气体的植物，硬质的场地附近也不可以种植容易落果的植物。

（2）小区游园

主要是为小区业主服务，面积约为0.4公顷，半径为500米。

（3）组团绿地

此类绿地主要是供小区内组团居民所用，规模在0.05公顷以上，服务半径在150~500米。在功能设施上要保证休憩和娱乐的需要，尺度要合适。

（4）宅间绿地

宅间绿地主要供本栋的业主所用，通常是以绿化为主，底层住户的院落绿地也包含在内。在对绿植进行选择时要考虑季节的变化情况，通常是以落叶乔木等为主。朝西的绿植可以选择枝繁叶茂的乔木。不过如果想在其他方位种植乔木，就要特别留意树木和建筑物之间的距离，不能影响居民家中的采光情况。建筑物周边通常建造绿篱，这样可以软化钢筋混凝土的刚性，也能保护底层住户的室内隐私。

2. 道路

（1）道路分级与布局

和城市道路相比，居住区的道路在具有交通功能之外，还具有交往的属性。所以，在道路设计中不能忽视步行系统的设置。

根据《城市居住区环境设计规范》，居住区道路一般有以下设置：居住区道路，红线宽度≥20米；小区路，路面宽度保持在5~8米；建筑控制线之间的宽度，采暖区≥14米，非采暖区≥10米；组团路，路面宽度保持在3~5米，建筑控制线之间的宽度，采暖区≥14米，非采暖区≥8米；宅间小路，路面宽≥2.5米；园路≥1.2米。

（2）人车分流

人车分流的形式主要有两种。一种是立体化分流，也就是人行道路和车行道路呈现立体化结构。较为常见的方式是车辆进入小区之后驶入地下停车场，这是居住区设计之初就规划好的。另一种是平面分流，在对道路景观进行设计和规划时，在小区外围修建供车辆行驶的环形车道。这样的方式也是人车分流的一种形式，能让小区的中心景观附近没有车辆通行。总的来说，人车分流能达到何种程度主要是由格局条件决定的。还要注意的是，在具体设计中，是还要考虑如果小区业主搬家，怎样保证车辆的可达性。很多高层住宅还涉及消防车的通行问题。

（3）人车混行

人车混行的居住区要设计好车辆通行的路线以及需要限定的速度，这样才能既保证车辆通行，又不影响居民的生活。可以使用绿篱、道路断面等方式进行间隔，维护居住区良好的环境品质。

3. 铺装

铺装具体指的是对广场、公园、道路、庭院等场地的地面进行铺设，具有功能性和审美性的双重要求。在环境景观设计方面，铺装是非常重要的一个环节，和山水、绿植、建筑物等位置等同，它共同构成了园林艺术的整体形象。

判断铺地效果好坏，选材固然重要，是否和所处环境保持一致也极为重要。在选材上要和周边的建筑相协调。在色彩的选择上要注意搭配，做到稳重而不乏味、鲜艳而不媚俗，能和建筑融为一体。线性是铺地中最为常见的元素。在人的行进过程中，和道路平行的直线可以起到指引方向的作用，而和轴线垂直的直线则能体现出生动的节奏韵律。在道路广场上，选用方格图案来铺地会让人产生宁静而条理分明的感觉。铺地图案选择得当既能和周边环境保持一致，又能体现居住区品位。如果想要以不规则的风格铺地的话，需要有高超的设计功底做基础，这样呈现出的设计效果才能更加亮眼。如果是规模较大的空间，可以选择粗犷型的铺地风格，可以让人感觉踏实、沉稳；而在规模较小的空间中，要以细腻的手法铺地，能给人以温馨、柔美之感，以带来精致、简约的感觉。

4. 水景

在一个居住环境中，植物和水体的质量能很大程度上决定当地的生态效益。在我国园林艺术当中，对水的应用可以追溯到商周时期。当时著名的灵池和灵沼都是知名的园林水池。在当时，园林中的水主要体现的是观赏功能。随着人类对生态环境的认识不断加强，开始注意水的生态功能和作用。良好的水环境可以对小区的环境进行调节，让居住区的舒适感倍增。水向来能给人以美感，可以让人自由地抒发情怀、缓解压力；水景观能给人提供休闲和娱乐的场所。在水景设计方面，要根据当地的地貌特征、气候特点和水源情况进行规划。在南方，可以在大多数的居住区都设置水景；而在北方，需要考虑寒冷的气候情况，在不结冰的时期设计水景，在结冰期设计枯水景观。可以利用借景和对景的方法对水景线进行打造，发挥自然之美，呈现横向、纵向、鸟瞰等各种景观。在园林造景中较为推崇的造景法有跌水瀑布和涉水池两种，其动感、光线远远超出其他景观，让居住环境更加具有层次性，能达到静中有动的效果。而喷泉等则能对环境和气氛进行很好的烘托，如果再加上柔和的灯光和悦耳的音乐，则能更加淋漓尽致的体现水体的静美，令人流连忘返。

5. **植物**

园林植物的种类是多种多样的，既能体现出生物多样性，又可以让植物景观呈现出形态各异、色彩纷呈、层次感明显等特点。在植物的设计方面，要根据当地的气候、生活习惯等进行细致化设计，诸如乔木、灌木等要保持科学的搭配，呈现出最好的生态效果。在具体的设计当中，要对植物配置和建筑物之间的比例进行考量，又要保证居民的采光、遮阴、通风需要，花草树木的种植要合理，坚持“三季有花，四季常青”的原则，同时要因地制宜。如果是在北方，因为冬天和春天会经常刮风，而夏天气温又很高，所以不宜修建过大规模的草坪，要以乔木、灌木和花草混合种植为主。种植在居住区附近的植物在造景上要能满足小区居民的生活要求，同时呈现出大自然的和谐之美。

6. **小品**

在现代景观设计规划当中，建筑小品的应用是非常广泛的。因为其本身具有很强的艺术感染力，能够为现代景观带来勃勃生机。对建筑小品进行合理运用，不仅能为环境增添美感，提升艺术气息，还能给游人带来公共活动上的方便、美的体验和艺术享受。

每个建筑小品在景观设计规划当中有着属于自己的观赏视角，不能简单的进行堆砌。现阶段，很多景观规划设计具体到建筑小品这个环节没有完善的设计理念和想法，通常是照搬城市规划设计的通用经验，不能具体问题具体分析，使得小品不管是在视觉上、空间上还是数量上，都和城市景观设计基本类似，须知居住区之间的差异性千差万别，如果只是不加思考的照抄照搬，对打造居住区景观的特色没有帮助，尤其是对用地较为局促的地区，就是一种资源上的浪费。

小品既要保证风格上的协调，又要能凸显居住区的设计主旨，很多居住区在进行景观规划时比较喜欢选用建筑小品或是绿植来体现自身的设计理念和主题。也正是因为这个原因，很多主题之间没有必然的联系，有些可能还会产生矛盾。

5.3.2　居住区环境景观设计原则

1. **整体性**

居住区的景观设计首先要考虑的就是和小区整体风格相协调。在对小区环境进行前期规划时，要明确设计要点，要把小区的景致、周边环境、结构特点、造型构思等都融入小区环境设计中来全面考虑。

针对小区不同区域的设计也要有整体观念，协调好空间之间的关系，以创造性的思维实现景观设计和小区风格的协调统一，也实现小区景观和自然生态的和谐一致。

2. **实用性**

在居住区进行环境景观设计，要满足的基本功能主要包括交通出行、安全、娱乐等。在具体设计时，要考虑不同居民的生活需求和习惯，针对不同的年龄层设计不同的景观，为小区居民提供方便舒适的生活环境，如小区内部的交通系统设置、公共设施配套（儿童游乐场、健身运动场地、老年人活动场地、休闲广场）以及服务方式等。

要注意各项设施的安全性和可操作性。为小区居民提供符合需要的服务设施，让居民在此休闲、娱乐、运动、交流时能更加的愉快和方便。

3. **生态性**

在进行前期设计和规划时，就要坚持保护生态环境，顺应自然规律的理念，按照景观生态学的具体方法，对小区所在地的地形地貌、山水特点、绿植分布、土壤类型、气候特征等进行合理分析，在此基础上设计有特点、有亮点的环境景观。

在空间环境设计时要坚持从当地实际出发，符合时代特征和当地的具体情况，不能盲目地照搬照抄，要让景观设计适用于当地环境，尽量贴近原生态。要将现在社会上倡导的生态技术合理运用到具体的景观设计当中，以可持续发展的思想打造绿色景观。

4. 经济性

在居住区进行环境景观设计工作，要顺应当地经济发展情况和市场实际需求，注意节能环保，不能对土地资源造成浪费。要在保证功能稳定的前提下尽可能压低成本。坚持质朴，反对奢华，可以根据情况选择生态技术、节能设备和环保材料，寻求最高的性价比。要控制好景观设计和建设的费用，同时也要考虑小区景观落成之后的维护费用。

5.3.3 居住区环境景观设计趋势

1. 共享性

在居住区环境景观设计时要注意其共享性，保证小区内的每一套住房都能享受到良好的景致，这也是居住区景观设计的终极目标。在公共设施，如儿童娱乐设备、小广场等的设计和布局上，也要兼具合理性和共享性。

2. 领域性

领域性对一个小区而言是内聚力形成的关键性要素，如果处理不好会影响邻里关系的和睦。在景观设计过程中要充分考虑领域性，对空间进行明确的区分和界定，可以对空间进行切割和围合来满足不同人群的实际需要。

所谓空间围合，就是使用各种类型的景观对空间领域进行划分和组合，给居民更加良好的视觉感受，在小区内打造多层次的空间维度，实现领域性景观的效果，为小区居民提供休闲娱乐的良好去处，也打造出更为安宁、舒心、美好的生活环境。

3. 文化性

在近几年的小区环境景观设计中较为突出的特点就是崇尚文化。在具体的规划过程中，可以使用景观设计语言来表现特定的文化特征，在小区营造浓郁的文化氛围。要对小区的历史和特点进行深度挖掘和提炼，对居住者进行引导，满足居民热爱文化、崇尚高质量生活的目标。

案例点评

武汉中建文华星城景观方案

1. 项目介绍

中建三局文华星城项目位于武汉市江夏区文化大道上，由7栋32~34层高层组成，是中建地产武汉公司首个采用工业化方式建造的小区。由中建三局集团有限公司建筑设计院设计。

2. 设计说明

（1）设计理念

关键词：新古典　大自然

打造一个新古典主义的自然园林。以自由和随性为主，不拘泥于形式，返璞归真，致力于打造一个温馨、自然，人与环境融为一体的、人内心所向往的脱俗的自由环境。

（2）设计原则

① 因地制宜，凸显地方特征

通过采用适地适树的种植原则及地方材料的选用，突出地方性特征。用地的条件和特征是景观设计的素材来源。

② 以人为本，满足多方需要

住宅区景观应对不同人群的多方面需求做出积极响应，以环境和空间特征对人实现主动的接应，争取最大程度的亲和，使之成为真正体现“以人为本，人与自然共存”思想的户外空间。

③ 以绿为主，倡导生态建设

以多层次的绿化生态环境组织人与自然、建筑与自然交融的生态空间，提倡多种乔木，合理搭配花灌木及地被。以生态环境意识为指导，使行为环境与形象环境有机结合，最大限度地尊重自然生态环境。

④ 贴和时代，彰显现代社会生活文明特质

在现今社会环境中，景观设计在思想及形式上应符合现代人的思维模式和审美情趣，体现住宅区中人与自然的重新思考和定位。

⑤ 放眼未来，注重可持续发展

满足可持续发展的全球主题，节约能源，保护自然生态，尽量采用生态技术。

（3）景观特色

① 社区慢跑道（关注夜跑人群，设置夜跑路灯，智能开关）。

② 全龄化儿童活动场（分不同年龄段，设置儿童游乐设施，满足更多儿童需求）。

（4）设计布局

整个项目分示范区和全区，全区主要分四个主要区域：主入口及中轴景观区、庄园区、社区公园景观区、次入口及商业区（图5-14、图5-15）。

（5）示范区景观

示范区景观设计原则：有机、生态、自然、和谐；示范区主要功能分为：售楼部入口景观、特色水景区、户外洽谈区、林荫大道、中轴水景区。整个设计风格简洁、大气。相互之间互不干扰，突出了功用性与实用性，为买房客户提供优雅的室外环境（图5-16）。

（6）全区景观设计

设计景观时应考虑全方位、多角度的视觉空间效果，处处有景、步步有景、步移景异，为住宅小区打造出高品质的园林化的美丽家园。

① 主入口及中轴景观区：主入口门头设计简洁大气分人行车行，使其人车分流，中轴水景区增加了人的互动性，增加了整体趣味（图5-17）。

图5-14 功能分区图

图5-15 总平面图

图5-16　示范区鸟瞰图

图5-17　主入口及中轴

② 庄园区：规则式布局方式简洁大气，阵列的树阵更加强了整个庄园的对称感，一些广场空间也为社区提供了一些休闲娱乐的场所（图5-18）。

③ 社区公园：由三部分组成，即中间的中心活动草坪、左边的老年活动场及右边的儿童活动场。中心活动草坪既有观赏性也兼具实用性，平时可以举办一些社区活动，甚至可以举办婚礼。老年活动场为社区内一些退休老人提供一个健身娱乐的场所，其可以增加社区老人的互动性和积极性。儿童活动场则为社区的小朋友提供一些嬉戏打闹的场所。整个儿童活动场设计针对不同年龄的儿童、多样化、人文化（图5-19）。

④ 次入口及商业街：次入口设计相对简洁，有入口岗亭、logo墙及入口对景墙。设计手法简洁，又不是新古典的韵味，使其恰到好处。

（7）架空层设计

小区内部分楼层底层为架空层，设计中亦充分利用这部分面积发挥其交通、休息、娱乐的功能，在其中设置了半开放半封闭式的儿童兴趣园、老年人俱乐部等，为居民提供直接方便的休息沟通场所，在景观设计上巧妙运用借景、框景、障景等造园手法，让室内空间向户外延伸，起到了增大空间、加大景深的作用。在植物的选择上也要考虑实际情况，多采用耐荫性、抗风性较强的散尾葵、鱼尾葵等，再搭配雕塑、景墙等硬景，共同营造出一个亲切温馨、富有情趣的公共活动空间。

（8）交通系统设计

在充分研究了小区现有建筑规划和平面分布后，贯彻人性化的设计思想，从交通、消防等多个方面精心考虑，主要道路系统与建筑密切配合，明晰了然，将各大分区通达顺畅地紧密联系在一起，在人流主要交汇处均设有较大面积的活动空间，体现了良好的疏通性和引导性。次要道路系统不拘一格，形式多样化，并沿其设置别有情趣的椅子、雕塑和小品。所有道路系统两旁均合理设置异域风情浓郁的指示牌和路灯，在充分发挥其功用性的同时亦强化着主题，为小区增色不少（图5-20）。

（9）照明设计

社区主要以功能性照明为主，主入口及中轴区会适当地加入特色照明，增加社区夜晚的氛围，光源主要以黄色为主，车行道两侧会布置一些高杆庭院灯，为开车用户提供充足的照明。草坪及人行路会布置一些草坪灯（图5-21）。

（10）排水设计

排水设计主要分三种方式：雨水口、明沟、线性排水。开水口主要布置在车行道两侧，明沟主要布置在人行道及草圩区域，线性排水主要分布在商业街部分。

（11）种植设计

植物景观设计在整个景观环境设计中处于极其重要的地位，是整个环境设计的核心内容之一。

① 注重物种的多样性，充分考虑不同层次的林木的生长习性，形成乔、灌、地被、草的多层次，常绿与落叶树种相结合的多样绿化景观（图5-22）。

② 因地制宜，塑造多变景观。注重人在不同空间场所中的心理体验与感受的变化，从多方面着手，形成疏密、明暗、动静的对比，创造出丰富的植物空间围合形态。

③ 注重植物种植的文化性原则，通过植物配植和群体寓意，强化园林空间的景观感受，提升整体景观空间的文化品位。

图5-18　庄园总平面

图5-19　公园平面图

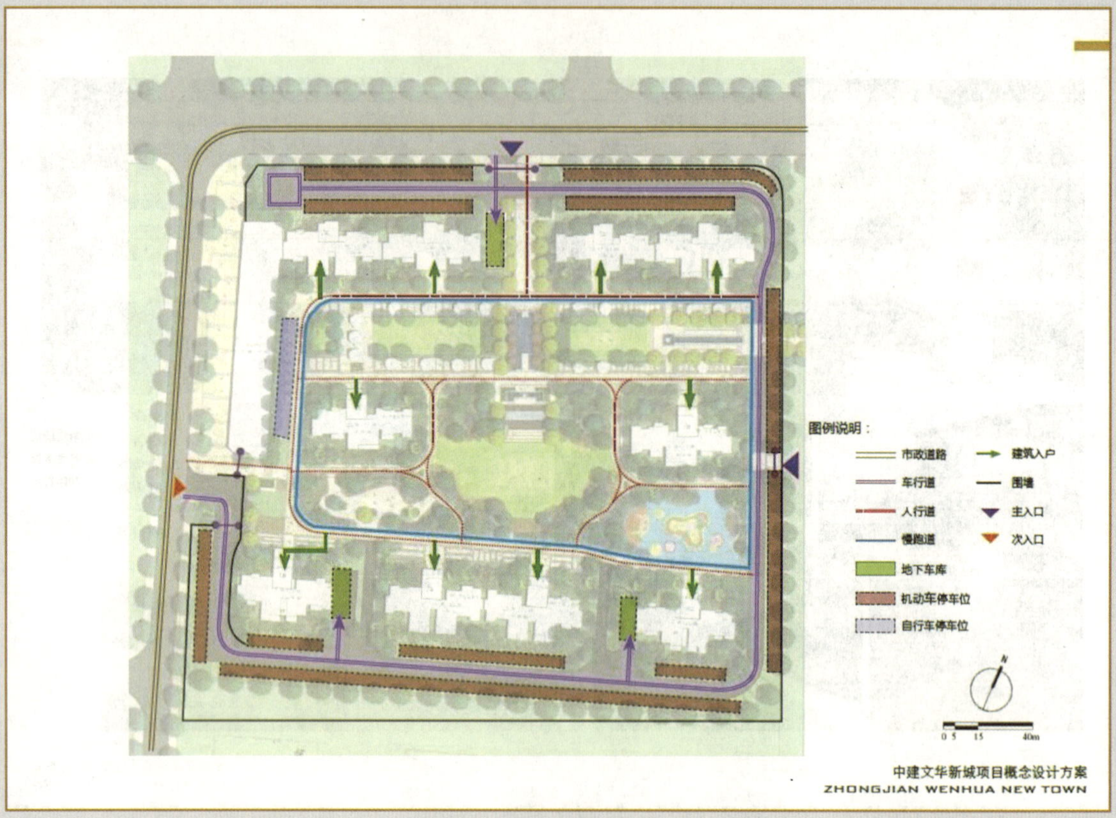

图5-20 交通分析图

图5-21 灯具设计意向图

图5-22 植物设计分析

5.4 校园环境景观设计

和其他环境相比，校园环境的功能较为复杂。要想打造出完美的校园景观，就要把功能性和景观设计放在同等重要的位置进行考量。最终落成的校园景观要可以集经济、社会、生态功能于一体，并具有丰富文化内涵和可持续发展的精神。

5.4.1 功能

1. 学习阅读

学校的首要功能就是向学生传授知识，安静优美的校园环境可以为学生提供良好的外部条件。在打造良好景观的同时，要注意对教学楼、图书馆、操场、食堂、宿舍楼之间的距离进行合理把握；道路两旁需要种植枝繁叶茂的大树，这样学生可以在这里晨读或思考；需要设置宽阔的庭院或是广场以备老师和学生展开户外活动。学习是一项脑力劳动，一瞬间迸发的灵感可能会带来学业进步，而好的景观则能活跃人的思维，推动人的进步。

2. 交往娱乐

在社会高速发展的今天，学校在培养学生方面既要注重其知识水平的提升，又要引导学生掌握充分的社交能力，这样在学生进入社会以后才能获得更好的发展。而好的校园环境则能为学生提供更多交流的场所和聚会的空间，帮助学生在不同的课外活动中不断提升自身实力。

5.4.2 人文

和社会上的其他组织相比，校园的类型较为特殊，校园是传播知识、培养人才的地方，所以其文化内涵和人文气息都非常浓郁，无数的莘莘学子在这里感受知识的沐浴，同时也会在校园里度过数年的寄宿时光，所以校园氛围对学生的感染和熏陶是非常大的。怎样把校园造园的理念和人文思想融合起来，建成别具一格、形象鲜明的主题校园是规划中需要反复考量的问题。

5.4.3 生态

校园环境最终要达成的目标和现代环境是一致的，就是和谐与自然。唯有如此，校园环境才能保持长期稳定的状态。要想在众多学校中脱颖而出，除了要提升教学能力之外，还要对校园环境进行精心打造。

5.4.4 艺术

在校园建设中一个不能忽视的要素就是校园的艺术美感，景观要想取得突破性发展，艺术性是个很好的选择，只有具备了相当艺术水准的作品才能引得更多的青睐。可以将园林进行艺术处理的主要方法有借景、障景、对景等。我们可以将这些方法引入校园设计当中，融合校园的独具特色，呈现别具一格的视觉效果。选取一些代表校园历史和独有魅力的雕塑小品点缀在校园当中，让整体形象更加鲜明。校园的节点可以是交通线的交汇处，也可以是景观视线停驻的焦点，对景观节点进行有机整合，可以为学生拓展出更多的学习空间和交流场所，如设置桃李长廊供学生晨读等。

在现代校园景观设计当中，形式和功能是并重的，要对场地实际遇到的问题进行处理，更好关注功能性的要求。不管是规模宏大的城市规划，还是小巧精致的校园设计，其所面临的社会问题和生态问题基本上是一致的，都要在科学分析的基础上进行艺术创作，发挥创新精神，以艺术的视角进行合理打造。最终呈现出来的艺术形式是否具有完整性和协调性也成了对设计效果进行评估的重要标志。

5.4.5 持续

在对校园进行设计时，要对各项教育设施和具体的景观进行长远打算。在校园迁址的过程中，要对主体建筑、校园景观进行整体规划。针对现代校园的规划并不是一个静态的过程，而要以动态的思维方式对未来的发展进行考量。

案例点评

瑞典于默奥大学校园景观

于默奥大学的新公园校区面积共23000平方米，阳光甲板、休闲码头、开放式草坪、步道和露台围绕着中心的人工湖。湖的一端有一座小岛，岛上有一座小桥通向南岸。在这里能欣赏到丘陵式的绿色景观，或明或暗的“山谷”和点缀其间的白桦树。

公园校区内的人行漫步道蜿蜒前行。它们大小不一，大的人行步道充满生气与活动，而小的步道为师生们提供一个更为亲密的交流空间。社交区设置在不同的方位，因此师生们总能找到满意的地方。人行漫步道一共有两种：一种是盘绕式的砾石小道，可以看到移动的远景，较低处设置了路灯；另一种是更为平坦的宽阔大道，由此可以通往周围建筑。

该校区的主干道，名叫Corso，其连接主餐厅Universum和学生单元，以桥梁的形式穿过湖泊。窄窄的阴凉步道和被绿植包围着的缓流小溪都在于默奥这座北方城市营造出异国情调（图5-23）。

图5-23　于默奥大学校园景观（部分）

5.5　滨水公园环境景观设计

在城市当中，滨水公园的环境景观是一道非常美丽的风景线，其在很大程度上体现出城市独有的特色，也能彰显出城市景观未来的发展趋势。滨水绿地景观通常被称为是城市呼吸的绿肺，尤其是在高楼林立的大型城市，可以为居民提供近距离接触自然的机会。

滨水公园景观设计很好地实现了自然、人文、环境资源的完美融合，让滨水环境具有充分的亲近性、关联性和文化色彩，实现自然和城市环境的相互融合，保证城市格局的多样性、科学性和包容性。

5.5.1　滨水公园环境景观的含义

滨水公园，顾名思义就是靠近水边建成的公园，人们可以在此徜徉、欣赏、交流和娱乐。做好滨水公园的生态建设，对规划城市布局、提升当地环境质量、改善人们生活水平都有着举足轻重的作用。

5.5.2　滨水公园环境景观的作用

纵观我国城市发展历史，不管在哪个时期，城市的发展都是和水紧密相连、密不可分的。滨水公园是一个城市当中非常重要的公共开放空间之一，也是人和水进行亲密接触的良好处所。合理的滨水公园能很好地提升城市的整体形象和环境质量，也可以进一步促进城市经济、文化的发展。

著名学者凯文·林奇曾经在其著作《城市意象》关于城市空间景观做出了详细的阐释，并指出其中包含五个重要因素，即道路设置、边界划分、节点明确、地标确定和广场修建。而滨水公园就可以当作是城市中的一个节点，同时也包含了上述提到的诸多景观要素。滨水公园景观设计的好坏可以在很大程度上影响城市的整体形象，也会对当地的生态环境保护起到重要作用。可以说，滨水公园就是城市对外的一个窗口，其优美而迷人的环境可以极大丰富当地居民的精神生活。

5.5.3 滨水公园环境景观设计的原则

1. 多功能兼顾

在很多城市里，因为环保管理不严导致很多工业和生活污水随意排放，城市内部河道遭到严重污染，昔日清澈见底的河水变成如今的臭水沟。对河道进行彻底整治不仅能增强防洪功能，还能对水质进行改善，提升当地的生态环境管理水平，让滨水环境景观更具观赏性，也能改善周边区域的总体环境质量。

2. 生态优先

滨水环境景观的显著功能之一就是为当地居民提供安全、舒心的休闲、运动、赏景场所，人们在这里可以身心愉悦的开展交流和沟通。随着社会水平的不断提高，人们对自己所居住的环境提出了更高的质量要求。滨水景观还有一个重要功能就是能对空气进行净化，对水质进行保护，可以提升周边的空气质量，所以滨水绿地也逐渐受到人们的重视。对滨水景观进行设计时要坚持“生态优先”的宗旨和原则，把社会效益和生态效益摆在同等重要的位置。重视对自然生态的保护，不能为了短期经济效益而破坏环境质量。要做到既能满足人们的实际需要，又要防止人们破坏生态平衡，从而找到提升城市环境质量的根本方法，实现人与自然的和谐共赢与稳定发展。

3. 凸现地方特色

对当地的地理特色、人文景观、植物特点进行深度挖掘，以景观手法进行呈现，提升城市滨水环境的文化氛围和趣味性。在中汾泾滨水环境景观的景观设计中，就十分巧妙地融合了滨海新城、浦东新区的地域特色，在保持原有地貌的基础上，让城市交通和绿地景致进行有机融合，以简约又不失优雅的造园风格，营造出一个环境优美、景致怡人、令人流连忘返的现代滨水绿地。

4. 可持续发展

城市滨水环境景观功能都是以各种各样的植物来具体体现的。滨水环境通常具有较为丰富的地貌特征，河岸带一般会汇集品种多样、形态复杂的自然群落，因此在设计的过程中要把握好植物造景的程度，遵循景观生态学的基本理论，对自然生态群落的结构进行模仿，在不同的位置种植相应的树木，保证生物多样化的呈现，凸显景观异质感，逐渐恢复曾经退化的自然生态功能，保证景观的长期性和发展性。

案例点评

湖北某酒店滨水景观设计方案

1. 项目背景及理念

（1）关键词：法国南部小镇风情，自然、舒适。

（2）文化背景：一个充满艺术风格的城镇，到处弥漫着花草的香味，人们的脚步惬意流走，静静的罗纳河淌过阳光下的小屋……每年七月的最后两周，有着国际著名的艺术节，音乐、戏剧及舞蹈演绎着这个艺术宴会。

（3）设计理念：本案设计突出自然、舒适的主题，应用多种语汇在园中展现充满艺术氛围的法国南部小镇风情。同时融入了东方的造园处理手法，小中见大，移步换景，创造出更灵活的情趣空间。同时与现代手法结合与建筑风格交相呼应（图5-24）。

（4）项目概述：湖北某大酒店总用地面积为21040平方米，道路广场总面积为10891.55平方米，绿地面积为6333.04平方米；北临106国道，南接一旧厂房，西靠临港大道，东接居住区。

（5）景观设计构原则

① 经济性原则：通过景观性开发，提高土地以及基础设施的利率，并降低成本。

② 感性人居原则：努力营造城市社会生活，形成自然、舒适的酒店环境。

③ 功能多样性原则：满足酒店休闲、聚会、交流及各种活动的要求。

2. 景观设计介绍

整个布局疏密有致，密处“密不透风”，疏处“疏可走马”，既有密林幽篁的郁郁葱葱，又有开敞草坪的坦坦荡荡，水边的垂柳、水杉树荫婆娑水上的浮萍、荷叶随风摇曳，呈现江南水乡的优美画卷（图5-25至图5-27）。

入口广场作为酒店的形象，本案在原有规划的基础上，采用大线条的铺装线条与细腻的水景结合，休息区与主入口区，动静结合，相得益彰，两侧停车场掩映在大树林荫下，不仅防止夏日的强光照射，而且可以美化酒店立面。

入口大门设计以法国南方小镇建筑风格为基调，以门房岗亭管理出入车辆为主要功能，即满足出入功能又美观。

3. 景观设计的特点

本案的环境规划设计中最大的特点是水景。利用贯穿基地的水系将全部的环境联系起来，使其成为一个有机连续的整体生态环境，利用水这个最活跃的因素创造环境景观特点，有以下手法。

（1）清澈见底的小溪根据空间的不同处理，采用不同的驳岸（如石砌、卵石、草坡）以及变化的宽窄，甚至有些落差，这都可以吸引人的视线，让空间有一种纵深感受。本案的水系设计特点是以均匀性为原则，能使人从任何一个角度看到水并享受到山水之趣（图5-28、图5-29）。

溪流驳岸的设计手法也是利用对比来强调个性，包括石与草的对比、直与曲的对比、颜色的对比，这些都强调了一种环境设计的差异性。

（2）微型湖泊

在溪流所到之处，放宽一些河道甚至脱开小溪，形成一些略宽的水域或小湖泊，这就像中国书法中笔法一样，粗细有致、藕断丝连。如同书法的所形成的意境，似拙实巧，将这些放大或者停顿的地方作为增加停留性及归属感的景点（图5-30）。

（3）落水及喷泉

制造出小瀑布、落水、跌水、涌泉、喷泉等动态水体。这既解决了水的循环自洁问题，又为静态环境提供了动态因素。落水及跌水也应根据四季的不同变化出几种不同的效果，包括水量的控制及池底的设计（图5-31）。

（4）草坪喷雾

作为一种保养草坪的喷灌方式，它本身也是一种动态景观，尤其在阳光下，可出现美丽的彩虹，应成片设计。

图5-24　总平面

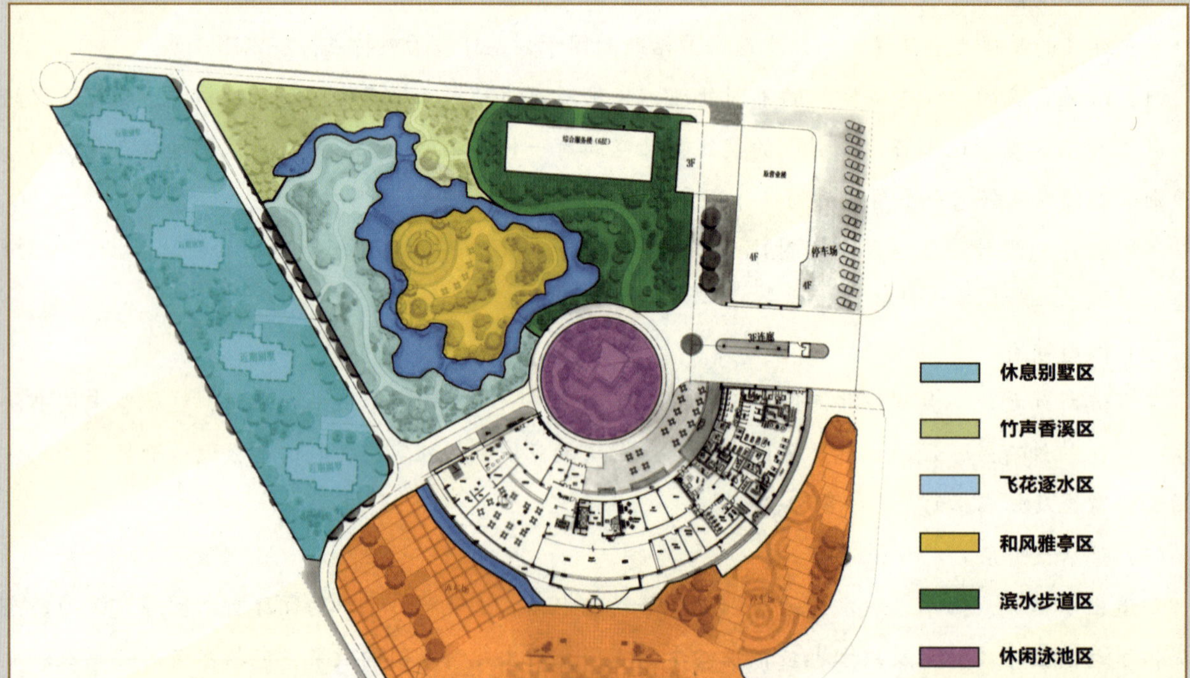

图5-25　功能分区

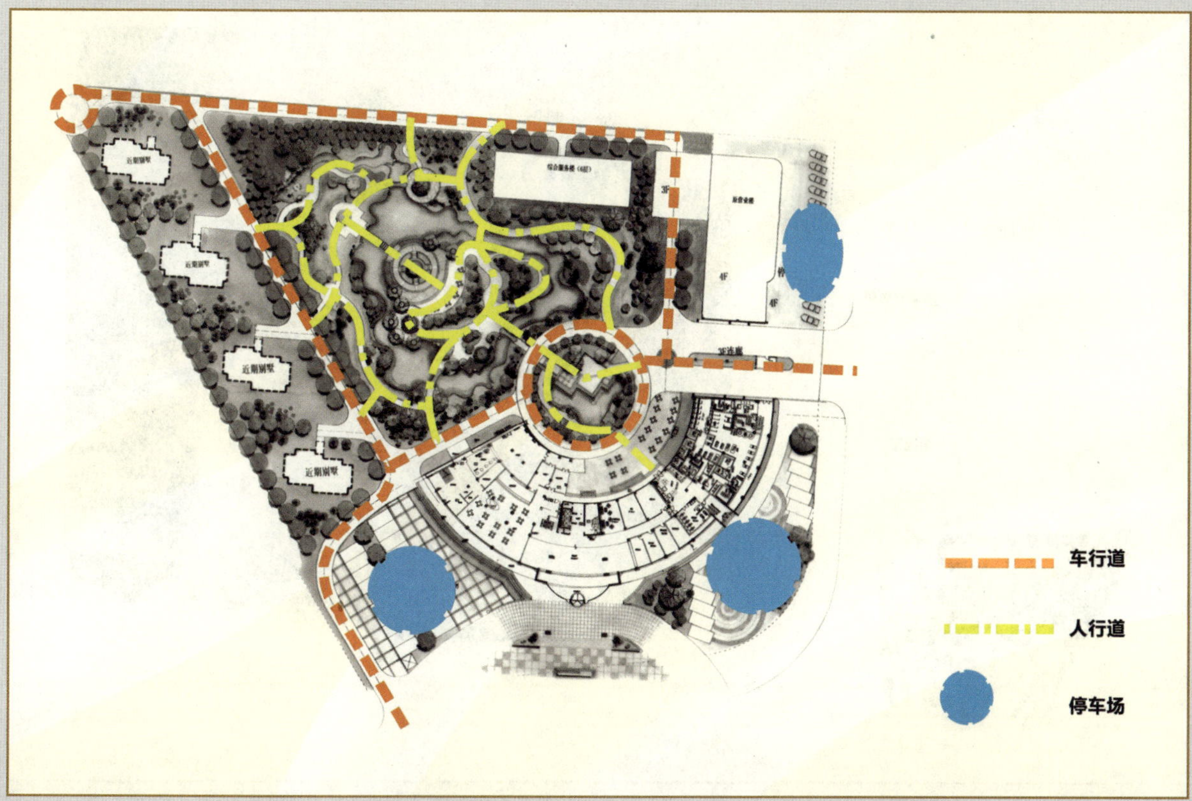

图5-26　交通分析

图5-27　休闲游泳区

图5-28　和风雅亭区

图5-29　和风局部

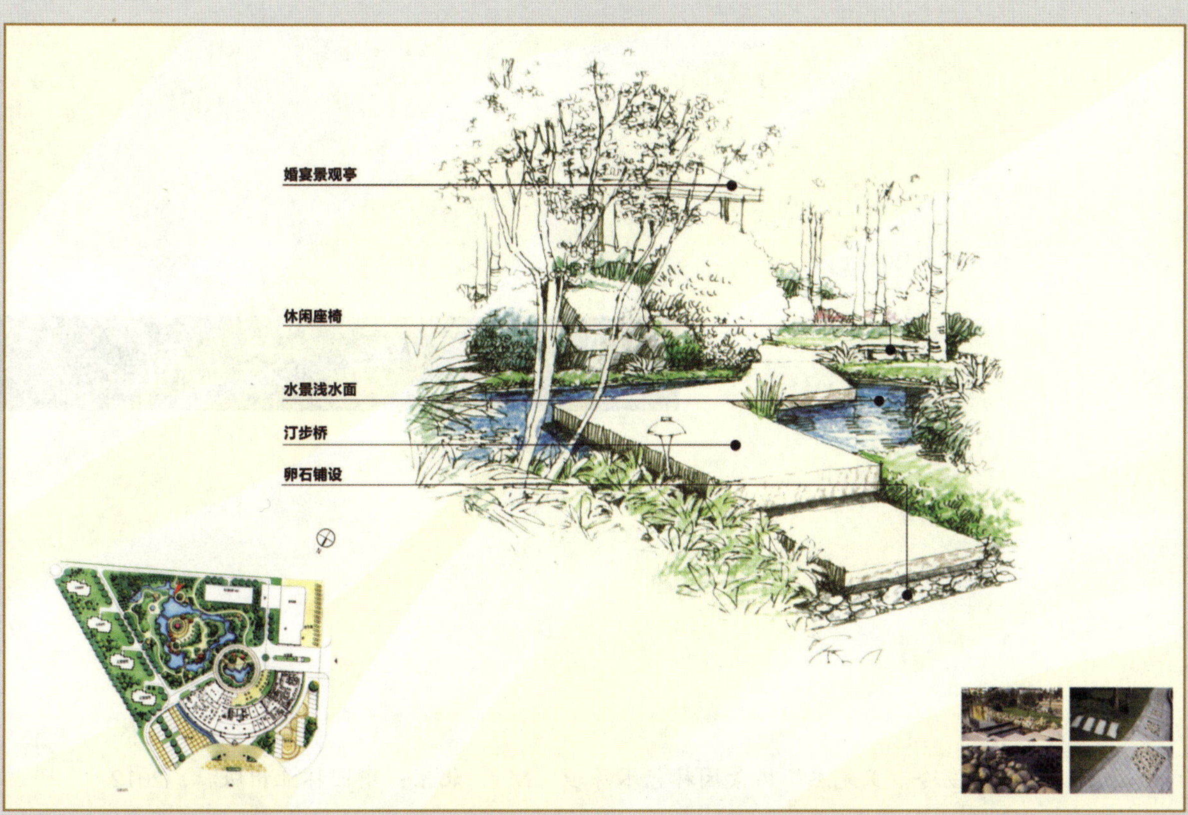

图5-30　滨水步道

图5-31　落水景观

参考文献

[1] 张俊玲，王先杰. 风景园林艺术原理 [M]. 北京：中国林业出版社，2012.
[2] 刘海燕. 中外造园艺术 [M]. 北京：中国建筑工业出版社，2009.
[3] 蔺宝钢，吕小辉，何泉. 环境景观设计 [M]. 武汉：华中科技大学出版社，2007.
[4] 刘庭风. 中日古典园林比较 [M]. 天津：天津大学出版社，2003.
[5] 苏雪痕. 植物造景 [M]. 北京：中国林业出版社，1994.
[6] 钱键，宋雷. 建筑外环境设计 [M]. 上海：同济大学出版社，2001.
[7] 刘滨谊. 现代景观规划设计 [M]. 南京：东南大学出版社，2005.
[8] 谢亮，苏媛媛. 景观设计 [M]. 石家庄：河北美术出版社，2014.
[9] 王国彬，刘贯，石大伟. 景观设计 [M]. 北京：中国青年出版社，2009.
[10] 许浩. 景观设计. 从构思到过程 [M]. 北京：中国电力出版社，2011.
[11] 李振煜，杨圆圆. 景观规划设计 [M]. 南京：江苏凤凰美术出版社，2014.
[12] 赵宇. 城市广场与街道景观设计 [M]. 重庆：西南师范大学出版社，2011.
[13] 公伟，武慧兰. 景观设计基础及原理 [M]. 北京：中国水利水电出版社，2011.
[14] 康茜，康琳英，乔春梅. 景观小品设计 [M]. 武汉：华中科技大学出版社，2017.